# 徹底解説
# ブロックチェーン技術の教科書

C&R研究所

## ■権利について

● 本書に記述されている社名・製品名などは、一般に各社の商標または登録商標です。

● 本書では™、©、®は割愛しています。

## ■本書の内容について

● 本書は著者・編集者が実際に操作した結果を慎重に検討し、著述・編集しています。ただし、本書の記述内容に関わる運用結果にまつわるあらゆる損害・障害につきましては、責任を負いませんのであらかじめご了承ください。

● 本書は2018年3月現在の情報で記述しています。

## ■サンプルについて

● 本書で紹介しているサンプルは、C&R研究所のホームページ（http：//www.c-r.com）からダウンロードすることができます。ダウンロード方法については、259ページを参照してください。

● サンプルデータの動作などについては、著者・編集者が慎重に確認しております。ただし、サンプルデータの運用結果にまつわるあらゆる損害・障害につきましては、責任を負いませんのであらかじめご了承ください。

● サンプルデータの著作権は、著者およびC&R研究所が所有します。許可なく配布・販売することは堅く禁止します。

●本書の内容についてのお問い合わせについて

　この度はC&R研究所の書籍をお買い上げいただきましてありがとうございます。本書の内容に関するお問い合わせは、「書名」「該当するページ番号」「返信先」を必ず明記の上、C&R研究所のホームページ(http://www.c-r.com/)の右上の「お問い合わせ」をクリックし、専用フォームからお送りいただくか、FAXまたは郵送で次の宛先までお送りください。お電話でのお問い合わせや本書の内容とは直接的に関係のない事柄に関するご質問にはお答えできませんので、あらかじめご了承ください。

〒950-3122 新潟県新潟市北区西名目所4083-6　株式会社 C&R研究所　編集部
FAX 025-258-2801
「ブロックチェーン技術の教科書」サポート係

# はじめに

　世の中を賑やかしたビットコインは多くの者を魅了し、その仕組みや概念から着想を得たブロックチェーンや分散台帳と呼ばれる多数のソフトウェアが創出される機運が高まることとなりました。ビットコインを含めたブロックチェーンに関する話題を目にしない日はないほどに1つのブームとなっている状況にあります。ビットコインやブロックチェーンの登場はさまざまな議論を呼びました。例えば、暗号通貨や仮想通貨と呼ばれる概念は本来通貨とは何であったのかという議論を再認識させました。また、非中央集権的なメカニズムの仕組みは従来の機関や組織が果たしてきた機能や役割などに対する問題提起にもなりました。こうしたさまざまな観点での議論を背景に、ブロックチェーンは世の中の構造を変革し、新たな価値観を生み出すものとして期待が寄せられています。

　しかし、ブロックチェーンは新たな価値観を創出する機会をもたらす可能性がある一方で、数々な議論が錯綜し、混乱することもあります。例えば、現在の企業などが抱える課題を解決できるかといった実用性に重きをおいた議論も、数年や十数年先に実現されるかもしれない将来的な展望や価値観の転換などの議論も、さらには技術とかけ離れた過剰な期待による幻想にも近い話も、一緒くたに語られてしまっているようにも見受けられます。それは、ブロックチェーンは単一の技術というよりも複数の技術要素によって構築された仕組みであること、また、技術の視点だけでなく、特にビットコインのような暗号通貨を主軸としたブロックチェーンのようにその仕組みを維持するには経済的な観点での考察が必要であったり、暗号通貨やスマートコントラクトのような概念では法制度上での考察も必要であることなど、さまざまな分野の要素が混ざりあった入り組んだ構造を持っていることも要因でしょう。ブロックチェーンの理解を深めていくためには、さまざまな要素を紐解き、それらの関係について考察していくことが求められます。

　ブロックチェーンのように機械的に処理される世界を構築しようとするのであれば、それを支える技術を理解しておくことはとても重要です。そこで、本書ではブロックチェーンについて技術的な観点での整理を試みます。ブロックチェーンの新たなソ

フトウェア開発プロジェクトは次々に登場し、また、各ソフトウェアも日々開発が進展していきます。執筆時点では最新であったソフトウェアの仕様も読者の皆様が目にする頃には古くなっていることも考えられます。本書は現状のソフトウェアはどのようなものであるか理解するための手助けとしてイーサリアムと Hyperledger Fabric 1.0 を取り上げ、動作を理解するためのサンプルコードを提示しますが、狙いとしましては、ブロックチェーンの目指す世界と、それを実現するために必要な共通的な技術的要素、そして特性について議論することを主眼としています。本書で述べる要素や特性、それにまつわる課題について理解しておくことは、さまざまなブロックチェーンのソフトウェアについて理解し考察する上での基礎になると期待しています。

　また、ブロックチェーンの技術を理解する上で重要なことがもう 1 つあります。それは、逆説的になりますが、ブロックチェーンに関連する技術についてもよく知ることです。ブロックチェーンに関連する技術として、ブロックチェーンに比べて歴史のある暗号技術、データベースや分散処理技術などさまざまなものがあります。従来の技術に関する議論を知っておくことで、ブロックチェーンがそれらの技術と何が共通し、何が違い、何がどのように関係しているかについて、より深く議論し理解することができるはずです。ブロックチェーンは今後もより技術が成熟していくことが期待されます。従来の技術を理解しておくことで、今後のブロックチェーンの進化の方向性についての議論も深まることでしょう。あるいは、ブロックチェーンの特性から不得手とする要素を従来の技術で補うといったことも考えられるでしょう。ブロックチェーンがカバーしようとする範囲は幅広く、本書で関連する技術を網羅的に記述することはできませんが、いくつかピックアップして簡単に紹介しています。

　ブロックチェーンに関心のある読者の皆様の中には、ブロックチェーンの特徴を活用したシステムやアプリケーションの開発を検討したい方も、ブロックチェーンに関連する技術の研究や開発を目指す方もおられるでしょう。本書を入口として、ブロックチェーンや関連する技術に関して興味を持ち理解を深めていただくことで、ブロックチェーンの価値を再発見していただけると幸いです。

著者を代表して　セコム株式会社 IS 研究所　佐藤 雅史

# CONTENTS

はじめに ･････････････････････････････････････････････ 3

## Chapter 1 ブロックチェーン・分散台帳とは何か？　9

- **1-1** ブロックチェーン・分散台帳の背景 ･･･････････････ 10
- **1-2** ブロックチェーンの基本 ･･･････････････････････ 16

## Chapter 2 ブロックチェーン・分散台帳の仕組み　23

- **2-1** ブロックチェーン・分散台帳が実現しようとするもの ･･･ 24
- **2-2** ブロックチェーン・分散台帳を構成するモデル（役割）･･･ 27
- **2-3** 台帳に必要な要素とは ･･････････････････････････ 36
- **2-4** ブロックチェーンの分類 ･･･････････････････････ 39

## Chapter 3 ビットコインの仕組み 49

- 3-1 ビットコインのネットワークとルール ・・・・・・・・・ 50
- 3-2 Proof of Work のメカニズム ・・・・・・・・・・・・・ 59
- 3-3 ブロックチェーンの分岐対策 ・・・・・・・・・・・・・ 66

## Chapter 4 スマートコントラクト 71

- 4-1 ブロックチェーンとスマートコントラクト ・・・・・・・・ 72
- 4-2 ブロックチェーンにおけるスマートコントラクトの特性 ・・・ 80
- 4-3 スマートコントラクトと外部システムの連携 ・・・・・・・ 88

## Chapter 5 従来技術とブロックチェーン 95

- 5-1 電子マネー ・・・・・・・・・・・・・・・・・・・・・ 96
- 5-2 データベース ・・・・・・・・・・・・・・・・・・・ 100
- 5-3 PKIとデジタル署名 ・・・・・・・・・・・・・・・・・ 109
- 5-4 タイムスタンプ技術 ・・・・・・・・・・・・・・・・・ 122

## Chapter 6 ブロックチェーンの実現可能性

127

- **6-1** ブロックチェーンがもたらすもの ・・・・・・・・・・・・・・ 128
- **6-2** ブロックチェーンでできること ・・・・・・・・・・・・・・・ 131
- **6-3** ブロックチェーンに向かないこと ・・・・・・・・・・・・・・ 135

## Chapter 7 ブロックチェーンソフトウェアの例

139

- **7-1** イーサリアムとは？ ・・・・・・・・・・・・・・・・・・・・・ 140
- **7-2** Hyperledger Fabricとは？ ・・・・・・・・・・・・・・・ 162

## Chapter 8 ブロックチェーンを使ってみよう❶ ～データ共有篇～

181

- **8-1** 会議室予約システムを実装する ・・・・・・・・・・・・・・・ 182
- **8-2** イーサリアムで実装してみよう ・・・・・・・・・・・・・・・ 184
- **8-3** Hyperledger Fabricで実装してみよう ・・・・・・・・・ 196

## Chapter 9 ブロックチェーンを使ってみよう❷
### ～スマートコントラクト篇～

215

- **9-1** オークションシステムを実装する・・・・・・・・・・・・・・・ 216
- **9-2** イーサリアムで実装してみよう・・・・・・・・・・・・・・・・ 220
- **9-3** Hyperledger Fabric で実装してみよう・・・・・・・・・・ 244


おわりに・・・・・・・・・・・・・・・・・・・・・・・・・・・・・・・・・・・・・・・・・・ 258

サンプルファイルについて・・・・・・・・・・・・・・・・・・・・・・・・・ 259

索引・・・・・・・・・・・・・・・・・・・・・・・・・・・・・・・・・・・・・・・・・・・・ 260

著者紹介・・・・・・・・・・・・・・・・・・・・・・・・・・・・・・・・・・・・・・・ 263


編集・制作・デザイン：リブロワークス

# ブロックチェーン・分散台帳とは何か?

Chapter

1

この章ではブロックチェーン・分散台帳が登場した背景や解決しようとしている問題、その問題へのアプローチ方法を簡単に紹介し、ブロックチェーン・分散台帳が目指している世界を探ります。

# 1-1 ブロックチェーン・分散台帳の背景

1 ブロックチェーン・分散台帳とは何か？

## ● ブロックチェーン・分散台帳を理解するために ●

　ブロックチェーンや分散台帳と呼ばれる技術は、暗号通貨をはじめとするデジタルで表現される資産の移転や取引などの履歴データを複数の利用者や管理者にまたがって共有する仕組みです。この仕組みによって、特定の機関や管理者などに依存することなく、利用者間のエンドツーエンドの取引を実行することや、複数の企業や異業種間を連携することに期待が寄せられています。複数の利用者や管理者の間でデータの共有や分散管理、システム間連携のための技術などは従来もさまざまなものが提案され、実際に導入されてきました。ブロックチェーンや分散台帳もそのような仕組みに対する新たな挑戦といえます。ブロックチェーンの技術的な特徴を理解し、従来技術との関係を考察するためにも、ブロックチェーンが目指そうとする世界や背景を知ることも大切です。さまざまな観点があるため、一口にその世界を語ることは難しいですが、まずは、ブロックチェーンや分散台帳の議論の幕を明けた原点ともいえる、ビットコイン（Bitcoin）が登場した時代のある側面を見てみましょう。

## ● ブロックチェーン・分散台帳が登場した時代背景 ●

　ビットコインが登場した2010年前後は、利用者中心の市場が花開く時代ともいえます。企業が提供するサービスやビジネスもインターネットを前提としたものが当たり前となり、インターネットの商取引市場も拡大し、インターネットショッピングも日常の一部となりました。また、従来のパーソナルコンピュータだけでなく、個人所有のスマートフォンやタブレット端末などが普及し、端末デバイスの多様化も進みます。さらに、スマートフォンの普及と相乗してソーシャルネットワークサービス（SNS）も活況となり、個人による情報発信と共有、さらには、シェアリングエコノミーといった個人間取引が注目を浴びます。このようなインターネット時代のプラットフォーム

を提供する企業、例えば、オペレーティングシステム（OS）のベンダーや、検索エンジン、大規模な商取引サービス、SNSなども規模が大きくなり、これらはハイパージャイアントと呼称されるようになりました。このような大規模なサービスを支えるために構築した大規模なシステムと、培ってきたクラウド技術をもとに、その計算資源の一部を利用者に提供する事業者も現れます。他の企業もこの利用者となり自社内システムの一部をクラウドサービス上に置くといったことも珍しくなくなりました。プラットフォームを握る企業がインターネットを前提としたライフスタイルやビジネス、さらには、インターネットを支える技術に与える影響力も大きくなります。このようなインターネットの世界における新たな力関係が生まれつつある一方で、海外では政府機関による通信路の盗聴を疑う声も上がり、この疑惑はインターネットの在り方が問われる大きな話題となりました。

　そのような時代にビットコインが登場します。

## ●　　ビットコインの登場　　●

　ビットコインは、中央のサーバを介さずにピアツーピアのネットワークによって暗号通貨の発行と移転（取引）を実現する仕組みです。この仕組みは特定の機関や企業や管理者のコントロールを受けることなく、利用者間の取引が実行できる基盤として注目されました。ビットコインは2009年にSatoshi Nakamotoという仮名の人物によって提案され、オープンソースのソフトウェアとして提供されます。その後、開発コミュニティによってソフトウェアの修正や拡張といったメンテナンスが続けられています。

　ビットコインの仕組みの概要は後述しますが、ビットコインは通貨の発行や取引の管理に関する権限を持つ中央の管理者を可能な限り排除しようとした仕組みといえます。ビットコインでは通貨発行や取引管理の権限を持つ機関やサーバを配置するのではなく、通貨発行や取引実行に関するルールが組み込まれたソフトウェアを各コンピュータが実行し協調することによって、ビットコインネットワークを形成し、そのネットワーク全体によって機能が実現されます。特定の管理サーバを前提とせず暗号通貨の二重使用を防止するなど取引全体の整合性を維持するために、取引記録の台帳データをネットワーク全体で共有するための仕組みを採っています。この台帳データはブロックの連鎖（チェーン）の構造を有しています。ブロックとは、ある時間間隔で取引情報が順次記載される台帳の1ページのようなものです。それぞれのブロックは

チェーン状につなげられ、取引情報の不正な書き換えや順序の入れ替えなどの改ざんを困難にします。また、ブロック生成の役割を担う特定のサーバを置くことはせず、代わりにネットワーク参加者同士の競争によってブロック生成を行う仕組みとなっています。ブロック生成には競争のルールがありますが、その競争ルールをクリアしてブロック生成に成功した者には新規発行された暗号通貨が与えられます。

　このようにビットコインは特定の機関やサーバによる管理を介さず、ソフトウェアに組み込まれたルールによって機械的に維持する仕組みを目指しています。この仕組みで利用者間のエンドツーエンドの取引を実現できれば、特定の機関やサーバ管理者のなんらかの意図や障害によって利用者間の取引が阻まれることはない、という考え方が背景にあります。

　このような考え方はインターネットの自由な世界を望む人たちの考え方にも通ずるものもあるでしょう。ビットコインの概念に共感し触発されたさまざまな開発者により、ビットコインの仕組みを踏襲した新たなソフトウェアの提案が続出しました。それらはブロックチェーンや分散台帳という看板を掲げ、あるソフトウェアはビットコインとは異なる暗号通貨を目指し、また、あるソフトウェアは暗号通貨の移転以外の用途でも適用できるようなより高度な処理の実現を目指しました。

　なお、この章では以降、分散台帳も含めブロックチェーンという呼称に統一します。

### ビットコインの台帳のイメージ

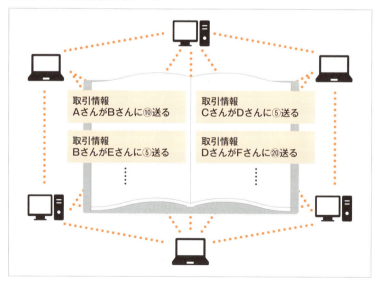

## 多様なブロックチェーンのソフトウェア

　ビットコインの思想を受け継いだソフトウェアは、ビットコインと同様に、ネットワークに参加することも離脱することも自由な仕組みであることや、開発においてもオープンソースを前提とし、利用者や開発者間の共有と貢献といった自治的な問題解決によって進めることを目指す、などといった共通した側面があります。

　ビットコインの考え方を元にしつつ暗号通貨の送受のような単純な取引だけでなく、スマートコントラクトと呼ばれるプログラムによって、より複雑な処理を実行できるソフトウェアも登場しました。このスマートコントラクトを用いて、特定の事業者がいなくても利用者主導でエンドツーエンドのさまざまな取引を実現できる世界に期待を寄せる人たちも多いでしょう。

　利用者主導の構想をもつブロックチェーンのソフトウェア開発プロジェクトが進められる一方で、金融機関をはじめとするさまざまな企業もビットコインやその他のブロックチェーンのソフトウェアに対する関心を寄せます。そこにはいくつかの観点が考えられます。まず、例えば開発途上国や新興国などに見られるような送金や決済などのシステムがそれほど成熟していないところでの適用可能性です。ビットコインをはじめとするブロックチェーンは基本的にはソフトウェアが実行できるコンピュータがあれば送金や決済などに利用することができます（従来のシステムで要求された品質に相当するかどうかともかくとして）。その実行環境の整備のためには高額なソフトウェアやコンピュータや設備の導入など大きな投資は必要としないという点で、既存のシステムを持たないところでの導入のハードルは低くなると期待されるでしょう。

## 既存システムとブロックチェーン

　一方、これまでの大規模な投資で業務用のシステムを築き上げてきた先進的な企業や業界としては、ビットコインやその他のブロックチェーンが提供する機能や、その上で実現されるアプリケーションのある面については、同種のものを既存のシステムの上でも実現できる、もしくは、すでに実現されているものもあります。しかし、古くからの企業内システムは過去からのシステムの積み上げによって複雑になっていることがあります。そのシステムの複雑さゆえにシステムの拡張やシステムの移行や異なるシステムの統合や連携が容易でない場合もあり、日々進歩が著しい新たな技術に追従しようとしても迅速に対応しにくい環境になっていることもあります。

拡張や移行、連携といった課題は従来からさまざまなアプローチで取り組まれてきました。例えば、標準的なプロトコルなどシステム間のインターフェース部分で連携しようとするもの、仮想化技術によってハードウェアやソフトウェアをソフトウェアで仮想化し運用や移行を容易にするものなどです。こうしたアプローチは主に従来の企業内システムを継続し、企業内のシステムをより効率的にすることを焦点にあてられます。各企業がブロックチェーンに着目した背景の1つに、凝り固まってしまった従来システムから脱却する方法を模索したいという思いもあると考えられます。ブロックチェーンにより複数の企業や業界にまたがってデータを共有することを前提にシステムや業務の進め方を再考してみようという考えです。データを共有することで、各企業で共通的な業務を効率化することや、業界横断的な連携による高付加価値なサービスの創出などへの期待があります。

## パーミッションドブロックチェーンの登場

しかしながら、企業や業界でブロックチェーンの仕組みを応用しようと考えたとき、利用目的によってはビットコインのように開かれたシステムでは、やりにくい場合もあります。ビットコインのようなシステムの場合、身元の分からない利用者も自由に出入りでき、また、台帳データに記載された取引の記録は誰でも参照することもできます。これらはビットコインの設計思想に基づく特徴的な性質ではありますが、企業や業界内での利用を考える場合には前提が異なります。例えば、システムに接続できる利用者を特定の業界の者だけに限定することや、台帳データの書き込みや閲覧など権限を特定の利用者だけに制限するなどといった機能が求められることがあるからです。そこで、ビットコインの設計や考え方の一部を応用し、企業や業界内のデータ共有や連携における課題解決をはかることを重点においたソフトウェアの提案も登場します。それが**パーミッションドブロックチェーン**です。

ビットコインのように参加も離脱も自由なものを**パーミッションレスブロックチェーン**と呼称するのに対し、企業や業界内のようにネットワークに接続するコンピュータに承認や登録などを必要とするものを**パーミッションドブロックチェーン**と呼称します。パーミッションレスブロックチェーンはビットコインの思想を受け継ぎ、オープンで自由な世界を目指す傾向がありますが、一方のパーミッションドブロックチェーンはどちらかというとそのような思想は影を潜め、統制のとれた企業間・組織間連携向けのプラットフォームを目指した傾向が強いと考えられます。ちょうどオー

プンなネットワークを構築するために用いられたインターネットに対する企業内システムのイントラネットの構図になぞらえて議論されることもあるでしょう。

### ビットコインからブロックチェーンへ

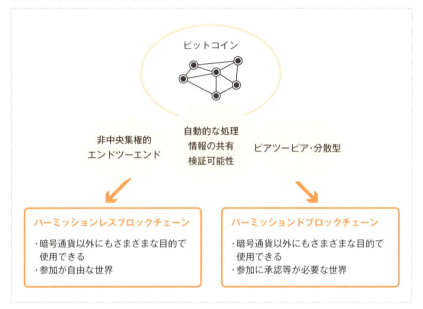

ブロックチェーンという言葉で一括りにされますが、パーミッションレスやパーミッションドで前提としている環境や仕組みは異なります。本書では技術的な観点を中心にブロックチェーンに関するさまざまな要素を整理したいと思います。また、第7章ではパーミッションレスブロックチェーンの実装例としてイーサリアム（Ethereum）を、パーミッションドブロックチェーンの実装例としてHyperledger Fabricを解説しますので、その違いについて比較してみてください。

# 1-2 ブロックチェーンの基本

## ● ブロックチェーンの簡単なイメージをつかむために

以降の解説を理解しやすくするために、まず簡単なモデルでブロックチェーンがどのようなものを目指した技術であるかというイメージをつかんでみましょう。単純化したピアツーピア型のデジタル決済システムの例を考えます。

### ◉ ネットワークと台帳複製

このデジタル決済システムはピアツーピア型、すなわち、複数のコンピュータ（ノード）から構成されていて、それぞれのノードはインターネットなどの通信ネットワークで接続し、お互いに通信できるものとします（各ノードが直接全ノードに接続しているとは限りません）。また、ノードの管理者はそれぞれ異なるものとします。

ピアツーピアネットワークのイメージ

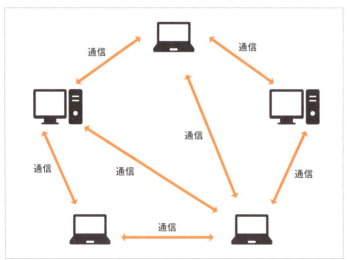

ブロックチェーンの基本 1-2

　ここでは、デジタル決済システムで用いる暗号通貨の単位を、仮に「コイン」という名前にします。デジタル決裁システムのユーザはノードを通じてコインを別のユーザに送る指示を出します。例えば、ユーザAからユーザCに10コインを送る場合には、単純には次のような処理が必要になるでしょう。

1. ユーザ**A**の口座の残高が**10**コインに満たなければエラーを出して終了する
2. ユーザ**A**の口座の残高が**10**コイン以上であれば**10**コインを減額する
3. ユーザ**C**の口座の残高に**10**コインを増やす

　従来のサーバ-クライアント型のシステムであれば、サーバが各ユーザの口座の残高を管理し、上記のような処理を実行することが考えられるでしょう。それでは、このようなサーバが不在の場合にはどうなるでしょうか？ ここで例とするデジタル決済システムはそのようなサーバの役割を任されたノードがいないものとします。さらに、各ノードの管理者はお互いに知らない者であり、信用できるかどうかも分からないものとします。

　各口座の残高を管理してくれるサーバがいませんので、各ノードで残高を管理することになります。しかし、各ノードそれぞれが異なる口座について管理した場合、あるノードが自分で管理している特定のユーザの残高だけ勝手に増やしてしまうといった事態が起こるかもしれません。そうなると、そのユーザが不当な利益を得るだけでなく、そのような事態が継続することでコイン全体の流通量もおかしくなり、やがて、このデジタル決済システムは崩壊してしまいます。

　そこで、全ユーザの口座の残高を記録した台帳の同じ複製を各ノードで持ちあうことを考えます。

**1**

ブロックチェーン・分散台帳とは何か？

17

# 1 ブロックチェーン・分散台帳とは何か？

## 残高を記録した台帳の複製を全ノードが持ちあう

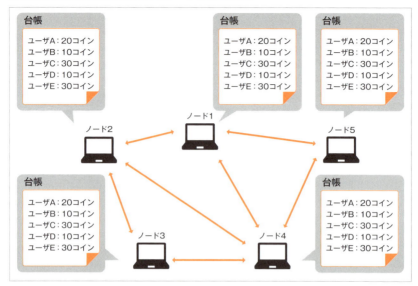

## 複製した台帳に基づいた取引処理

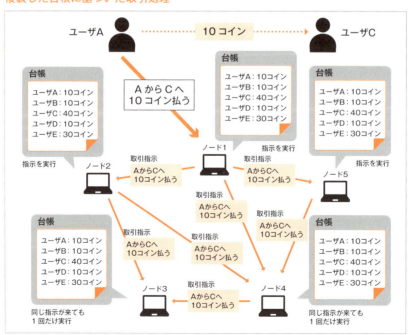

ブロックチェーンの基本 1-2

## ◉ 送金処理の流れと一貫性の担保

　次に、複数のユーザからのコイン送金指示をどのように処理していくかということを考えます。先ほどの例ではユーザAからユーザCに10コインを送るという指示でしたが、その少し前にユーザBからユーザAに20コインを送る指示が出ていた場合にはどうなるでしょうか？ これらの指示をまとめて処理するサーバがいないので、各ノードで指示を転送しながら処理することになります。最初にユーザから指示を受け取ったノードは別のノードにその指示を転送し、それを受け取った別のノードは、また別のノードに転送するといったバケツリレーように指示を転送していきます。各ユーザからの指示の送信や各ノード間の転送はどんなタイミングで行われるか分かりません。転送されるノードの経路や通信ネットワークの遅延などによって指示の到着が前後するかもしれませんし、中には悪意のあるノードがいてわざと遅延させたりするかもしれません。

　また、各指示のメッセージの到達可否や到達順序によって処理の結果が異なる事態も発生する可能性があります。例えば、ある時点でユーザAの口座残高が5コイン、ユーザBの口座残高は30、ユーザCの口座残高が0コインだったとします。この口座残高を記した台帳の複製は各ノードで持っているものとします。この状態でユーザBからユーザAに20コインを送金するという指示が送られたとします。このとき、通信障害などの理由で、たまたまノード4へ指示が伝わらなかった場合を考えます。

#### ユーザBからの取引指示

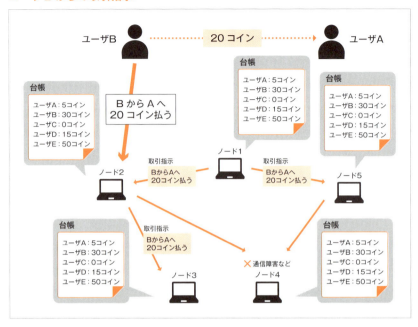

　図のノード4以外はユーザBからの指示が到着しました。各ノードで各自の台帳に対して次のような処理が実行されます。

1. ユーザBの口座から20コインを引く（結果、ユーザBの残高は10コインになる）
2. ユーザAの口座に20コインを加える（結果、ユーザAの残高は25コインになる）

　ノード4以外のノードでは台帳が更新されます。ユーザBが所持している30コインのうちの20コインを支払うので、特に問題なく更新できます。
　次にユーザAからユーザCに10コイン送金するという指示がユーザAから送られたとします。このときには、ノード4の通信障害も解消して、すべてのノードが指示を受け取ることができました。

## ユーザAからの取引指示

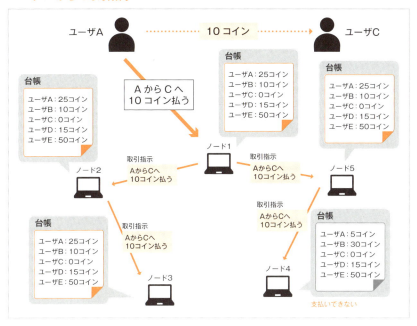

　各ノードにユーザAからの指示が到着します。ノード4以外のノードでは次のような処理を実行しようとするでしょう。

**3. ユーザAの口座から10コインを引く（結果、ユーザAの残高は15コインになる）**

**4. ユーザCの口座に10コインを加える（結果、ユーザCの残高は10コインになる）**

　先にユーザBからの指示によってユーザAの残高を更新しているノードは、上記の処理を問題なく行えます。一方ノード4では、ユーザBからの指示が到達していない状況で、ユーザAからの指示が到着してしまいました。その場合、ノード4では次のような処理になるでしょう。

**1. ユーザAの口座残高は5コインなので10コインの送金指示はエラーと判断する**

　結果、ノード4では口座残高は更新されません。ユーザBからの指示、ユーザAか

らの指示という順序で指示が受信できていれば、ノード4以外のノードのようにエラーは発生しません。しかし、ユーザBからの指示が受信できなかったがために、そのノードのみ台帳の状態が異なるという事態が起きてしまいました。

　このように各指示のメッセージの到達可否や到達順序によって処理の結果が異なる事態が発生します。デジタル決済システムの処理を一手に担うサーバが存在する場合には、単純なケースとしてそのサーバに到達したメッセージの順序などにより、処理の一環性を保つことができます。しかし、そのような役割を担うサーバがいない場合にはどうしたらよいでしょうか？ サーバがいないとはいえ、誰かがメッセージの順序を決める必要が出てきます。

　ビットコインのアプローチでは、この役割をあらかじめ決められた誰かに任せるのではなく、**Proof of Work** と呼ばれる各ノードの競争で行うことにしました。取引指示のメッセージの順序を決め、それに基づいた台帳の更新情報（台帳の新たな1ページ）を作る作業にパズルの要素を取り入れました。このパズルをいち早く解いた人には新しく発行するコインといった報酬が与えられるため、それを目当てにした人は台帳の更新作業に協力することになります。この競争には誰でも参加できます（競争に勝てるかどうかは別ですが）。更新された台帳は、競争に参加していないノードも含む各ノードで複製されることになります。このような仕組みによって、メッセージの順序を決めて台帳を更新する役割を誰かが担い、特定のサーバを維持しなくてもシステムを継続できるように考えられています。ビットコインの仕組みについては第3章で詳しく解説しています。また、このようなビットコインのアプローチとは異なる仕組みによって台帳を更新する仕組みも提案されています。詳細は第2章以降で解説していきます。

# ブロックチェーン・分散台帳の仕組み

Chapter

2

この章ではブロックチェーン・分散台帳を構成する
共通的な要素や仕組みについて整理します。現在、
ブロックチェーンや分散台帳にはさまざまな仕組み
が提案されています。それらを整理し、また、そ
の中でさらに分類することで、ブロックチェーン・
分散台帳の理解を深めていきます。

# 2-1 ブロックチェーン・分散台帳が実現しようとするもの

## ブロックチェーン・分散台帳の特徴

　ブロックチェーン・分散台帳にはさまざまな仕組みが提案されていますが、その共通的な特徴を挙げると、取引情報をはじめとするさまざまな情報の記録を複数のコンピュータが協調動作することで実現する、という点が挙げられます。

ブロックチェーンの台帳複製のイメージ

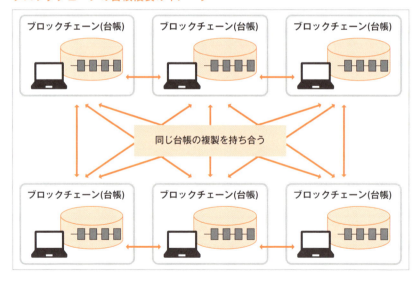

　情報を記録するという点では従来のデータベースと共通していますが、管理者の異なる複数のコンピュータによって実現することを前提としている点が異なります。さらに、管理者の異なる複数のコンピュータによる情報の記録というと、従来のピアツーピア型のファイル交換システムを思い起こすかもしれません。従来のファイル交換システムでは、どのような内容のファイルを記録するかは、ファイル交換システムの利

用者に委ねられていることが一般的です。一方で、ブロックチェーン・分散台帳では記録してよい情報かどうかを複数のコンピュータで判定する仕組みも含まれています。この判定は、あらかじめシステム全体（または一部）に適用するために定められたルールに基づいて行われます。

　例えば、暗号通貨の移転を考えてみましょう。単純なルールの一例として、Aさんが暗号通貨を別のBさんに送ろうとしたとき、Aさんがその額以上の残高を保有してるかどうかチェックする必要があります。このチェックを行わなければ、各人は保有している額以上の暗号通貨を送り合うことができてしまいます。結果、暗号通貨の総量が無尽蔵に増えることとなりシステム全体の整合性が破たんしてしまいます。この例では暗号通貨の移転に必要な条件を確認するというルールが決められていることになります。このようにブロックチェーンではルールに基づいた判定を経て、情報が記録されることになります。

## ブロックチェーン・分散台帳に求められる要素

　これまで述べたように、ブロックチェーン・分散台帳は管理者の異なる複数のコンピュータで、情報に対するルールの適合性をチェックし、ルールに適合した情報を記録するといった動作を実現することを目指しているといえるでしょう。では、管理者の異なる複数のコンピュータによってルールのチェックを行う場合には、何が問題となり得るのでしょうか？　先の例でいえば、Aさんが保有する暗号通貨の残高について、それぞれのコンピュータが持つ記録が異なってしまったとします。その場合、あるコンピュータではAさんが送金する額よりも十分な残高が記録されているのに対し、別のコンピュータの記録では残高が足りず送金できないというように、判定結果がコンピュータによって変わってしまう可能性があります。このような点を考慮に入れると、管理者の異なる複数のコンピュータの協調動作によってシステム全体として整合性のとれた動作を実現しようとした場合、理想的には以下のような要素が求められてくると考えられます。

**1. 各々のコンピュータが同じルールの判定基準に従うこと**
**2. 判断材料となる記録の複製を各々のコンピュータが持つこと**

　要素1.は、例えば、取引情報の検証方法や台帳の記録方法などのように、各々のコ

ンピュータが実行するソフトウェアに基本機能としてあらかじめ実装されているプロトコルやルールもあれば、その基本機能を使って追加の定義が設定可能なものもあります。

要素2.については、各々のコンピュータが独立して動作するので必要になります。もし、どこか特定のコンピュータが記録の管理を受け持ち、他のコンピュータがその記録を参照するような形態を考えた場合には、従来型の特定の管理者によるサーバ運用と大差ない形態となってしまいます。

要素1にしても要素2にしても、どこまで確実にその要求を満たせるかは、さまざまな要因によって変わってきます。要素1に関していえば、理想的には、どの瞬間においてもすべてのコンピュータが全く同じ仕様のソフトウェアを故障なく稼働させているという状況を作ることができれば、各々のコンピュータでルールの判定基準が異なるといった事態は避けられるでしょう。ですが、現実的にはそのような仮定は難しいです。ソフトウェアの仕様は不具合修正や機能拡張などで更新されるものですし、全く同じタイミングですべてのコンピュータのソフトウェアを同時にアップデートを完了することを保証するのは難しいです。各コンピュータのソフトウェアの仕様（更新バージョン）が不一致になることがあると考えるのが現実的でしょう。

また、要素2に関していえば、理想的には、どの瞬間においてもすべてのコンピュータが同じ記録の複製を持つことができ、かつ、ルールの判定基準に違いがなければコンピュータごとに判定結果が異なるといった事態は避けられるでしょう。ですが、やはり、その仮定も困難な場合がほとんどです。コンピュータの数が増えるほどに記録を同期するために行う通信量も増え、記録の更新に要する時間も増えます。また、インターネットのような環境ではコンピュータ同士の通信ネットワークが分断されないとはいい切れないことも考慮に入れる必要があります。さらに、新たなコンピュータを追加すること（拡張性）についても考慮に入れる必要があります。

このように要素1と要素2はさまざまな制約のもとで、どのようにどこまで実現していくかを考える必要があります。実際に、ブロックチェーン・分散台帳の仕組みとしてさまざまな実装が提案されていますが、それぞれの実装が前提する環境や、提供しようとする機能などに差異があり、要素1や要素2の問題を解決するための考え方や仕組みが異なります。本章の2-4節ではブロックチェーン・分散台帳の問題解決のアプローチ方法としてパーミッションレス、パーミッションドという分類に着目して整理していますので参照してください。

# ブロックチェーン・分散台帳を構成するモデル（役割）

## システム全体の整合性を維持する仕組み

　前節では、ブロックチェーン・分散台帳の特徴として、各々のコンピュータが同じ記録の複製を持ち、同じルールの判断基準に従うことで、システム全体の整合性を維持しようとする仕組みであることを述べました。これをどのように実現するかはブロックチェーン・分散台帳のさまざまなソフトウェアによって異なります。差異はありますが大筋としては次に述べるようなモデルと考えられます。

　なお、以降、各々のコンピュータが持つ記録を台帳と呼ぶことにします。この台帳は取引情報（トランザクション）の履歴を記載したデータです。ブロックチェーン・分散台帳は以下のような役割を持つプログラムによって構成されていると考えられます。各名称は本書で説明する目的で定義した名称となります。

### 各プログラムの配置イメージ

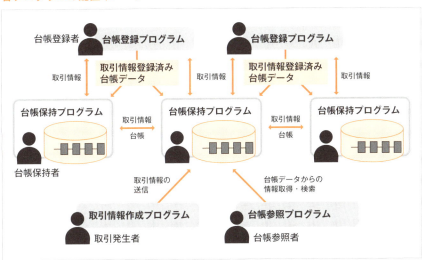

## ◉ 取引情報作成の役割

　取引情報を作成して送信する人のことを取引発生者と呼ぶことにします。取引発生者は取引を開始するために取引情報を作成します。例えば、自分が保有する暗号通貨を他の者に送信するような要求を記した取引情報を作成します。取引発生者は取引情報作成プログラムを用いて取引情報を作成します。取引情報作成プログラムは取引情報を台帳保持プログラムへ送ります。最終的には、その取引情報は台帳のデータに記載されることになります。

## ◉ 台帳参照の役割

　台帳を参照する人を台帳参照者と呼ぶことにします。台帳参照者は台帳参照プログラムを用いて利用して台帳に記載された情報を参照します。台帳参照プログラムは台帳保持プログラムに接続し、台帳に記載された情報を取得します。台帳参照プログラムは単に情報を取得するだけでなく、取得した情報を台帳参照者が扱いやすい形に加工したり、取得した情報に基づいて別の処理を行ったりといったことも考えられます。

## ◉ 台帳保持の役割

　台帳の複製を保持する役割を持つプログラムです。また、このプログラムを稼働するコンピュータの管理者を台帳保持者と呼ぶことにします。台帳保持プログラムは他のコンピュータで実行されている台帳保持プログラムや台帳登録プログラムと接続し、取引情報や台帳に関する情報をやり取りすることで、台帳の複製を自身のコンピュータの記憶媒体に保持します。台帳保持プログラムは取引情報や台帳の情報がルールに適合していることを確認し、確認したそれらの情報を他の台帳保持プログラムや台帳登録プログラムへ転送する役割も持ちます。

## ◉ 台帳登録の役割

　台帳に登録する新たな取引情報を決定し、台帳の更新データを作成する役割を持つプログラムです。また、このプログラムを稼働するコンピュータの管理者を台帳登録者と呼ぶことにします。台帳登録プログラムは、台帳保持プログラムから送られてきた取引情報のうち、ルールに違反しておらず、なおかつ、台帳にまだ登録されていないものであれば台帳に登録します。登録候補となる取引情報のうち、どの順番で取引情報を台帳に登録するかは台帳登録者の判断に委ねられていることもあります。台帳

保持プログラムは更新した台帳の差分となるデータ（例えば、ビットコインにおけるブロック）を他の台帳登録プログラムや台帳保持プログラムに送信します。台帳登録プログラムは台帳保持プログラムの機能も含めて一体となっていることもあり得ます。

## 台帳登録と台帳保持までの流れ

処理の手順や内容などの詳細はブロックチェーン・分散台帳のさまざまなソフトウェアの仕様によって異なりますが、例えば以下のような流れで処理を行うことが考えられます。

### ❶取引情報の作成

取引発生者が取引情報作成プログラムを用いて取引情報を作成します。

### ❷取引情報の送信

取引情報作成プログラムが台帳保持プログラムに取引情報を送信します（ブロックチェーンソフトウェアの仕様によっては、台帳登録プログラムへ直接取引情報を送る形態のものも考えられます。そのような場合には、❷❸のステップは無いものと考えられます）。

取引情報送信のイメージ

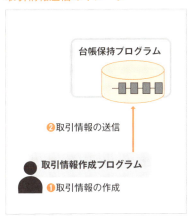

### ❸取引情報のチェックと転送

　台帳保持プログラムは受信した取引情報について、自身が保持している台帳に照らし合わせてルールに反していないかどうか判定します。例えば、台帳には他者へ移転済みと記載されている暗号通貨を再使用しようとする取引情報である場合には拒絶するといったことがあります。取引情報がルールに違反していない場合には、その取引情報を他の台帳保持プログラムや台帳登録プログラムへ転送します。転送された取引情報を受け取った別の台帳保持プログラムも同様に取引情報をチェックして他の台帳保持プログラムへ転送します（ブロックチェーンソフトウェアの仕様によっては、他の台帳保持プログラムへ取引情報を転送しない形態も考えられます）。

### 取引情報チェックと転送のイメージ

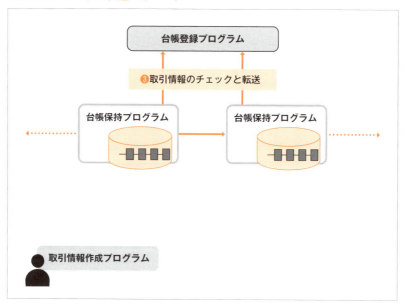

### ❹取引情報の台帳への登録

　取引情報を受信した台帳登録プログラムは台帳に登録する取引情報を決定します。作成した台帳の更新データを台帳保持プログラムへ送信します。

## 台帳登録のイメージ

### ❺台帳更新データのチェックと反映

　台帳の更新データを受信した台帳保持プログラムはルールに従って台帳の更新データをチェックし、反映してよいものかどうか判断します。判定ルールの例としては、台帳として必要な記載事項が含まれているかどうか、同時期に異なる更新データが複数送られてきた場合にどちらを採用するか等があります。ルールに合致した更新データであれば、その台帳保持プログラムが保持する台帳に反映させます。また、その台帳の更新データを他の台帳保持プログラムに転送します。

### ❻他の台帳の更新をチェックし、自身の台帳に反映

　台帳保持プログラムは適宜、他の台帳保持プログラムと通信し、自身が保持する台帳が古くなっていないかどうかを確認します。古い場合には、他の台帳保持プログラムから台帳の更新データを取得して、自身が保持する台帳に反映させます。

#### 台帳更新のイメージ

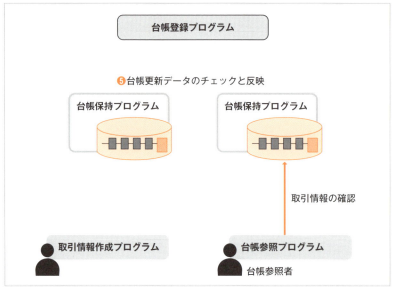

　上記のような取引情報や台帳の送受を同じタイミングに合わせて行うのではなく、個々のプログラムで別々のタイミングで非同期的に行われます。

## プログラムの実行形態について

　ブロックチェーン・分散台帳の多くのソフトウェアでは、複数の台帳保持者や台帳登録者がおり、台帳保持プログラムや台帳登録プログラムもその人たちが管理する複数のコンピュータで実行されることを前提としています。また、同じコンピュータで複数の異なる役割を持つプログラムを同時に実行することもあり得ます。

　また、取引情報作成の役割と台帳参照の役割は一体となったプログラムとして実現されることもあります。例えば、暗号通貨の財布（ウォレット）のプログラムが挙げられます。ウォレットのプログラムは台帳を参照し、ウォレットの管理者に関連する取引情報を取得することで、その管理者が保有する暗号通貨の残高を管理します。さらに、取引情報を作成するために必要な秘密鍵の管理も行いますし、その秘密鍵を用いて取引情報を作成する機能も持ちます。このようにウォレットのプログラムは取引情報作成の役割と台帳参照の役割を兼ねていると考えられます。

## プログラム実行のイメージ

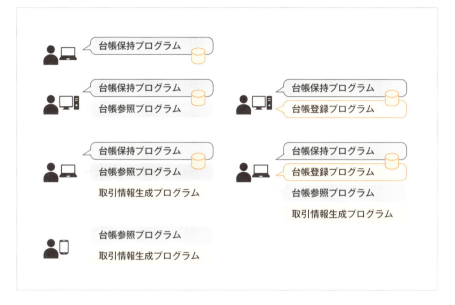

　その他にも、取引情報作成や取引情報参照のプログラムの形態としてはさまざまなものが考えられます。例えば、先ほどのウォレットのように取引発生者が使用するコンピュータやデバイスにインストールされたアプリケーションの形態を持つ場合もあれば、暗号通貨の取引所やサービス提供者が管理するサーバの機能に組み込まれて実行される形態もあります。アプリケーションの場合には取引発生者が自身でそのアプリケーションを操作して取引情報を作成しますが、事業者が提供するサービスのような形態であれば、そのサービスが提供する画面や機能を通じて取引を行うことになります。

## COLUMN ルールはどのように決まるのか

　これまでの説明において、取引情報が何らかのルールに合致しているかどうかを確認したうえで台帳に記録する、というお話をしました。さて、このルールは誰が、どのように決めるのでしょうか？ ルールと一口にいってもさまざまなものがあります。例えば、暗号通貨の場合にはその発行方法であったり総発行量であったり、台帳保持プログラムや台帳記録プログラムの通信方法の取り決めであったりします。それらを記述したプログラムの仕様書や設計書、さらには、実装したプログラムそのものがルールの集まりであるともいえるでしょう。このさまざまなルールを決める前提として、このようなプログラムを動作させた結果、システム全体としてどのような仕組みを実現し、それによって何を提供しようとするのか等々といった考えに基づいた全体の方針があるものです。例えば、ビットコインとしては中央のサーバを介さずに実現できる決済手法を提案するために Proof of Work のような競争原理を用いた仕組みを採用するという全体の方針があります。そして、その方針のもとで Proof of Work のハッシュ値計算方法や難度調整方法など具体的なやり方（ルール）が提案されています。

　この全体の方針をポリシーと呼ぶことにします。このポリシーはプログラムの仕様以外にも、そのプログラムを開発する工程やプログラム仕様の検討方法（提案方法や採択方法など）など開発チームの運営方法にも及ぶこともあります。特に企業のような集まりではなく、有志によって成り立っている開発チームの場合には、このポリシーを文書のような形で明示的に掲げているとも限りません。その場合には、開発チームのメンバーが同じポリシーであることと暗黙のうちに仮定している可能性もあります（メンバー間でこのポリシーについての考え方の違いが次第に明らかになることにより開発コミュニティが分裂するといった事例もあります）。

　明示的にしろ暗黙的にしろ、何らかのポリシーに従って、開発チームによって具体的なルール作りがなされていくことになります。プログラムとして実現される具体的なルールについても、例えば、保有している暗号通貨より多くの量の暗号通貨を別の者に送るような取引情報を台帳に記載してはいけない、といったようなシステム全体の整合性を維持するために、プログラムを稼働する全員が一様に守らなければいけない基本的なルールがあります。このような全員が守るべき基本的ルールはあらかじめプログラムのコードとして実装（ハードコーディング）されていることが多いので、プログラムを動作させる管理者が勝手に変更することはできません（変更したとしても、他のプログラムと協調動作できずに孤立するように設計されています）。システム全体の維持のために必要な基本ルールの変更は開発チームや他の利害関係者（取引発生者、取引参照者、台帳保持者、台帳登録者など）を交えて議論が必要となるでしょう。

　ただし、上記のようなシステム全体で共有すべき基本的なルールは変更せず、取引発生者や取引参照者などの一部グループだけで実施できる追加のルールを設定するといったことはあり得ます。例えば、ある特定グループ内のメンバーでは台帳に登録で

きる情報を制限したり、あるいは、ある取引グループ内だけで共有している秘密の合言葉を知らないと取引が実行できないようにしたりする、などといったようなものです。第4章で解説するスマートコントラクトのように、ブロックチェーンのソフトウェアが持つ機能を活用することで、あるグループの中だけに適用するルールも実現できるでしょう。また、パーミッションドブロックチェーンの中には特定のグループだけ台帳の一部を開示するという機能を備えているものもありますので、そうした機能を利用することも考えられます。

　このようにブロックチェーンを利用する立場となる側で決めることができるものについては、そのグループ内でのルール作り（その前提となるポリシーも含めて）を検討することになるでしょう。

# 2-3 台帳に必要な要素とは

## 複数人で同一の台帳を維持するためには

　前節ではブロックチェーン・分散台帳の共通的と思われるプログラムの役割とフローの概要について紹介しました。これらのプログラムにどのような機能的な要素を必要とするかをここで整理したいと思います。

　これまで述べてきたとおり、ブロックチェーン・分散台帳の共通の目的の1つとして、基本的には台帳保持者や台帳登録者などといった管理者の異なる複数のコンピュータで同じ台帳の複製を持つことを目指していることにあります。この台帳に登録される情報は多数の取引発生者によって作成された取引情報です。取引情報の内容としてはさまざまなものが考えられます。例えば、暗号通貨やその他のデジタルで表現された資産のやり取りを行う目的であれば、誰かから誰かへその資産を移転するという内容を取引情報に記載することになります。そして、過去の取引情報を台帳に蓄積しておくことで、誰から誰へ、そしてその次に誰から誰へと、資産移転の履歴をたどっていくことができるようになります。また、後述するスマートコントラクトのようなケースではスマートコントラクトと呼ばれるプログラムの処理内容や、そのプログラムへの入力となる情報を取引情報として記載し台帳に登録することで、台帳の複製を持つ各々のコンピュータでそのプログラムの実行結果を再現できるようになります。もし、台帳のデータに異常があった場合には、上記のように過去の取引の履歴をたどることや、スマートコントラクト処理の再実行や再検証などは実現できなくなってしまうことでしょう。ブロックチェーン・分散台帳のように、特別な権限を有する管理者や機関や中央のサーバ等を前提とせず、取引発生者や台帳保持者、台帳登録者といった異なる複数の人たちが管理するコンピュータを介して台帳を維持していくには以下のような点を考慮する必要があります。

## ◉ 取引情報に対する改ざん防止策

　前節でも触れたように取引情報は数々の台帳保持プログラムによって転送されていき、その後に台帳記録プログラムによって台帳に更新データとして追記されることになります。その転送途中に悪意ある台帳保持プログラムがいた場合に、取引情報を不正に書き換えられて転送されてしまうことがあるかもしれません。例えば、途中で悪意ある台帳保持プログラムが暗号通貨の移転先を書き換えてしまう等です。このような途中の経路で取引情報の不正な書き換え（改ざん）をされないように、取引情報に取引発生者のデジタル署名を付与する仕組みを備えているのが一般的です。取引発生者は取引情報に対してデジタル署名を付与します。そして、台帳保持プログラムや台帳登録プログラムが取引情報をチェックするときの手続きの1つとしてデジタル署名の検証を実行し、その結果、書き換えが検知された場合にはその取引情報の受け入れを拒否します。このように、取引発生者のデジタル署名によって、他の者からの不正な書き換えを防ぎます。

## ◉ 台帳に対する改ざん防止策

　台帳は過去の取引情報の履歴を保持し、暗号通貨の利用であれば二重使用など矛盾する取引を実行しないために参照されます。台帳は取引情報の証拠となるものですので、時間を経た後も履歴に記載された情報や取引の順序関係などが不正に書き換えられないように維持することが求められます。台帳保持者や台帳記録者が台帳を後から書き換えすることを防止する仕組みとして、台帳に対するハッシュ値の連鎖（チェーン）を作成する仕組みや、台帳記録者のデジタル署名を用いる仕組みなどが考えられます。台帳保持プログラムはハッシュ値やデジタル署名の検証によって台帳の不正な書き換えが検知できますので、そのような台帳を他の台帳保持プログラムや台帳登録プログラムから送られてきたとしても受け入れを拒否することができます。

## ◉ 取引情報の登録と台帳の複製の仕組み

　ある特定の台帳登録者だけが台帳への登録を行える状況を想像してみてください。その台帳登録者が台帳に登録する取引情報を決めることができたとすると、意図的に特定の取引発生者からの取引情報だけを排除し続けるといったこともできるかもしれません。あるいは、悪意がなくともその台帳登録プログラムが障害で停止してしまった場合、台帳更新が滞ってしまいシステム全体が止まってしまう事態もあり得ます。

このような問題への対策が考慮されたソフトウェアでは、台帳登録を特定の台帳登録者だけがし続けることがないようにする仕組みを採用しています。また、その仕組みはソフトウェアによって多種多様です。そのような仕組みも含めて台帳の登録と複製を行うメカニズムをブロックチェーン・分散台帳の分野の中でコンセンサスアルゴリズムとも呼ばれることもあります。台帳登録は参加者同士の競争によって行われるモデルもあれば、複数の参加者が協調して交代で行うようなモデルもあります。この点については、次節で簡単に紹介します。

## ● ブロックチェーンと分散台帳の区別について ●

　ブロックチェーンと分散台帳の用語の区別については、本書を執筆している時点においてはさまざまな論があります。明確に区別せずに用いられることもありますし、分散台帳のほうは、複数の管理者にまたがって台帳の複製を持ち合うことを目指した、より広い意味合いとして使われることもあるようです。ブロックチェーンや分散台帳などと呼ばれるソフトウェアの中には、後述するビットコインのように、台帳の構造としてブロックという単位で取引情報を収集して管理するものもあれば、別の形態で取引情報の前後関係の情報を管理するものもあります。その多様なソフトウェアのうち、取引情報をブロックとしてまとめ、そのハッシュ値のチェーンを作るような方法を取り入れた仕組みを指すものをブロックチェーンと呼称し、分散台帳と区別するという見解もあります。さまざまな論がありますので、本書では特に断りのない限りはブロックチェーンと分散台帳の用語の使い分けは明確にせず、これ以降ブロックチェーンという呼称に統一します。

ブロックチェーンの分類 2-4

# ブロックチェーンの分類

## パーミッションレスとパーミッションド

　台帳保持や台帳登録の役割を持つプログラムが協調して改ざんが困難な台帳の複製を持ち合うことの実現方法は、それぞれのブロックチェーンのソフトウェアによって異なります。1つの分類方法として、パーミッションレス（Permissionless）とパーミッションド（Permissoned）という考え方があります。両者は前提が全く異なります。問題解決のアプローチ方法も異なるので、採用される台帳保持や台帳登録のメカニズムも変わってきます。

## パーミッションレスブロックチェーンとは

　パーミッションレスブロックチェーンは、ビットコインやイーサリアムに代表される、ネットワークの参加に承認などが不要で、基本的にソフトウェアを立ち上げれば誰でも自由に参加でき、また、離脱することも自由なモデルです。ビットコインの仕組みの概要は第3章で解説しているので、参考にしてください。

パーミッションレスブロックチェーンのイメージ

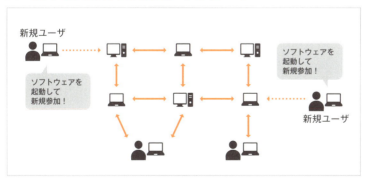

39

ビットコインのケースを本章2-2節の役割のモデルに当てはめると、ビットコインを誰かに送ろうとする者が取引発生者、取引情報を格納したブロックのチェーンが台帳、そのブロックを作成する者（マイナー）が台帳登録者、ビットコインネットワークに流れているブロックを保持する者が台帳保持者となります。マイナーとしては、新たなビットコインを獲得するには正しい過去の台帳情報を迅速に入手する必要があるので、台帳保持者の役割を兼ねているとみなすことができます。そして、ビットコインの台帳（ブロックのチェーン）を読み出す人は台帳参照者になります。自分のビットコインの所有量を確認したり、他者から自分へなされた支払いが完了しているかを調べたり、あるいはマイナーがブロックを作成するときに、正当な取引かどうかを調べるときに台帳参照者になります。ビットコインの開発コミュニティが提供するソフトウェアを起動すると、取引作成の役割と取引参照の役割を兼ねたウォレットとなるプログラムが実行され、さらに、台帳保持の役割を持つプログラムもその裏で実行されます。台帳保持プログラムはインターネットを介して他の台帳保持プログラムに接続し、自身が持っていない台帳の情報をダウンロードし始めます。また、同時にその台帳保持プログラムもまた別の台帳保持プログラムに対して台帳の情報を提供（転送）する役目を果たします。

　このように、ビットコインの場合には、ビットコインのソフトウェアを立ち上げたユーザがあまり意識することがなく、取引発生者にもなり、台帳参照者にもなり、台帳保持者でもあるように振る舞うことになります。ビットコインのソフトウェアを使いたくなくなったら、そのソフトウェアを停止するだけです。インターネットの向こう側にいる別の台帳保持者などに対していちいち停止の断りを入れるようなことはしません。台帳登録者となるマイナーも同様です。マイナーとして新規に参加するにも、その役目から離脱するにも誰かに対して断りを入れることはありません。他の誰かがマイナーとなっている限りビットコインのネットワークは動き続けます。

　このビットコインの例のように、誰もがどのような役割を担うことができ、参加も離脱も自由なモデルを採用したブロックチェーンはパーミッションレスと呼ばれます。ビットコイン以外の代表例としてはイーサリアムがあります。イーサリアムは第7章で紹介していますので参考にしてください。

## ●パーミッションレスブロックチェーンでのアプローチ●

　このパーミッションのモデルでは、いつ誰が参加し離脱するかわからないので、そ

れを前提としてネットワーク全体が機能するような仕組みで設計されています。例えば、ブロックの生成のような台帳登録の役割をあらかじめ誰かにお願いするという前提は難しいので、それよりも、Proof of Workに代表されるような台帳登録者同士の競争（と成功報酬）によって行うといったアプローチが採られます。また、このようなモデルの場合、同じタイミングで台帳保持者全員が全く同じ台帳の複製を持つことを保証することは難しいです。ある瞬間においては台帳保持者全員が持つ台帳は不均一かもしれませんが、時間が経過すればやがて同じ台帳の複製を持ち合うことになることを目指した仕組みともいえます。台帳複製の一貫性を厳密に保とうとするよりも、自由に参加も離脱もできることを重視し、また、どこかの台帳保持や台帳登録のプログラムに障害があったり、たとえ悪意のある台帳保持者や台帳登録者が紛れ込んだりしたとしても、全体として取引発生者や取引参照者の操作を停止させることがないということを重視していると考えられます。

　ビットコインのコンセンサスアルゴリズムであるProof of Workのメカニズムについては、第3章で簡単に触れていますので参考にしてください。ここで要点だけ説明をすると、台帳登録者は早い者勝ちでProof of Workの処理を実行すること、さらに異なる台帳（ブロックのチェーン）の候補がいくつか出てきた場合には長いチェーンを優先すること、自分が作ったブロックが採用された場合には報酬（新たに発行されたビットコインの暗号通貨など）が得られることなどの、さまざまなルールに従うことになります。このルールに従う限り、どのような台帳登録者がいようとも、ビットコインの台帳（ブロックのチェーン）は大きな問題なく管理できるということになります。

　一方で、ビットコインにおいては、Proof of Workでブロックを生成するためには、平均10分間程度の時間をかけるようなルールが設定されています。ブロック作成に要する時間が10分程度になるように、難易度が調整されているのです。短時間でブロックが生成できてしまうと、世界中のあちこちの登録者が容易に次のブロックを生成できてしまい、異なる長いチェーンが地域ごとに乱立してしまう可能性があるからです。最長のチェーン以外はすべて無効なチェーンと見なされます。チェーンの乱立によって無効なチェーンが大量発生するのは、計算資源の無駄といえるでしょう。しかし、この10分間にかかる計算量は莫大なものになってしまうこともあり得ます。

### Proof of Work の競争のイメージ

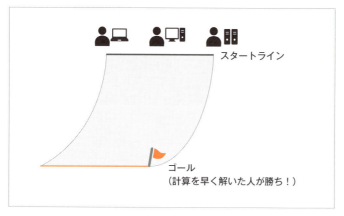

　そこで、Proof of Work に代わる仕組みとして、Proof of Stake という考えが生まれました。Proof of Stake の考え方は、ブロックを生成し得る人すべてに Stake（関与度）が割り当てられていることを前提としています。そして、関与度が高い人ほど、簡単にブロックが生成できるように設計しています。実際に何を関与度とするかは Proof of Stake の実装方式によって異なりますが、例えば、そのときに所有している暗号通貨の総額を関与度とすると、そのような人は自分の暗号通貨の価値を下げるような行動はとらないだろうから、ブロックを容易に生成できてよいだろう、という考え方です。

### Proof of Stake の競争のイメージ

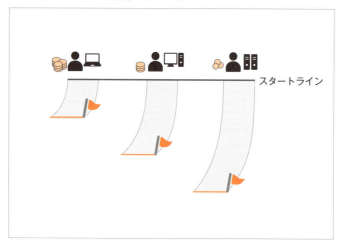

具体的にはProof of Workの式の一部を変形しています。Proof of Workでは、ブロックを生成したいと思うノードは、ブロック生成競争の基準となるターゲット値より小さいハッシュ値になるよう、nonce（ナンス、使い捨ての数字）をいろいろ変えて試します。このターゲット値は同じ時間であれば、全ノードが同一の値を使っていました。Proof of Stakeでは、この値が、そのノードが持つ関与度に応じて決まります。関与度が大きい程、ターゲット値が大きくなり、したがって、より早くnonceを見つけることができます。すなわち、消費する計算力が少なくて済みます。具体的なターゲットの値の算出方法も、各Proof of Stakeの実装によって異なっています。

Proof of StakeはProof of Workのような計算量の勝負ではありませんが、関与度の設計方法によっては、例えばすでに資産を多く保有している者が優位に立てる可能性があるなど、また別の力関係が生じることも考えられます。Proof of WorkやProof of Stake以外にも別の考え方による手法の提案もあるでしょう。Proof of Workにしろ、Proof of Stakeにしろ、どちらがよいという優劣ではなく、どのようにブロックチェーンを維持していくかという考え方の違い、解決しようとする問題の違いがありますので、それぞれの特徴を理解することが重要でしょう。

## パーミッションドブロックチェーンとは

ブロックチェーンの実際の適用場面を考えたとき、不特定多数が参加するブロックチェーンネットワークよりも、用途や業界などで閉じた参加者だけで運営したいというケースも出てきます。パーミッションドブロックチェーンはパーミッションレスの場合とは異なり、ブロックチェーンネットワークに参加するためには事前承認等の手続きが必要になるモデルです。ブロックチェーンネットワークに参加するための手続きは、使用するブロックチェーンソフトウェアの仕様や、そのソフトウェアを用いてブロックチェーンネットワークを構築する業界やコミュニティなどが採用するやり方によって異なります（ブロックチェーンのプログラム上の処理だけではなくオフラインの手続きも含めて）。例えば、台帳の利用や複製のためにブロックチェーンネットワークに接続する事前の手続きとして、接続するコンピュータの管理者や運用する事業者に関する情報の登録や確認を行ったり、参加資格の条件に満たしているかの確認を行ったり、他の参加者からの承認を得るなどが考えられます。

パーミッションドブロックチェーンのイメージ

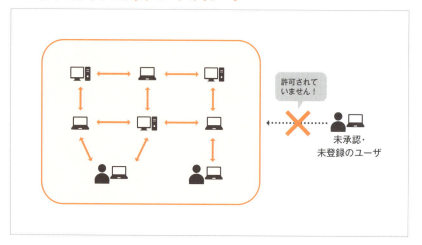

## パーミッションドブロックチェーンでのアプローチ

　パーミッションドの場合は、パーミッションレスの場合とは異なり、ブロックチェーンネットワークに接続しているコンピュータとその管理者を把握できるため、もし不適切な処理や障害が発生したコンピュータがあっても、その管理者に修正や改善を促すこともできるかもしれません。また、同じ目的で集まった参加者同士であれば、あらかじめ参加者を台帳登録役と台帳保持役のように分担しておくこともできるかもしれません。このような前提を考えると、台帳への登録や台帳の複製の仕組みについても、パーミッションレスで採用されたような競争に基づく仕組みは必ずしも必要ではなくなります。そこでパーミッションドの場合では、ブロックチェーンネットワークに接続する各コンピュータ（で稼働するプログラム）にあらかじめ役割を決めておき、その協調動作で台帳登録と台帳保持を実現することを目指したメカニズムを採用することがあります。また、そのメカニズムはブロックチェーンの議論によって新たに登場した概念や仕組みではなく、従来の分散処理技術の分野で議論されてきたもの、あるいはそれと類似したものであることが多いと考えられます。

　パーミッションドのメカニズムの議論において、よく耳にするのがPBFT（Practical Byzantine Fault Tolerance）です（詳細は46ページのコラムを参照のこと）。PBFTは複数のコンピュータ間で同じデータの複製を持つための仕組みです。PBFTは一部のコンピュータに障害があっても影響を受けずに実行できる仕組みであり、また、それ以前

に提唱された複製手法よりも処理速度を向上するために提案されました。ここで、障害というのはビザンチン障害（Byzantine Fault）と呼ばれる、例えば、プログラムがウソの情報を送ったり、応答をせず黙りこんだりするものが含まれます。コンピュータが不正プログラムに感染してしまったり、管理者そのものに悪意があってコンピュータのプログラムに不正な処理をするように改変したりしてしまう、といった事態が想定されるでしょう。また、PBFTの問題設定として、台帳登録者のようなデータの複製を行う役割を担うプログラムが登場することや、そのプログラム同士のメッセージのやり取りは非同期的（それぞれのプログラムがそれぞれのタイミングで通信を行う）に行われることや、さらに、そのメッセージにはデジタル署名が付き発信者が特定できることが前提にあること、といったものがあります。これらの問題設定はパーミッションドブロックチェーンが想定するモデルと類似しているので、パーミッションドのメカニズムを議論する中で登場することがあります。

　しかし、PBFTはそれ以前の技術よりも処理速度の向上を目指したものでありますが、実用的な観点ではまだ十分ではないといわれています。そこで、パーミッションドブロックチェーンのメカニズムとしてはPBFTそのものというよりも、より軽量な関連する分散処理技術が適用されたり、あるいは、PBFTのような技術を参考にしてブロックチェーンのソフトウェア開発者が新たに提案した手法を取り入れたものもあります。また、このような複数のプログラム間でメッセージをやり取りしながら一貫性のあるデータの複製を実現する仕組みは、その仕組みによっては、プログラムを稼働する新たなコンピュータを容易に追加できる拡張性が犠牲になる可能性もあります。処理速度や拡張性などの課題を考慮に入れ、台帳保持や台帳登録を含んだプログラム全体ではなく、台帳登録プログラムの間のデータ複製方法にPBFTに関連した手法を取り入れるということもあります。ブロックチェーンのソフトウェアによって採用される複製方法はさまざまですが、いずれにおいても、各コンピュータが持つデータの複製が同じであることを重視するのか、応答速度や処理速度を重視するのか、拡張性についても考慮に入れるのか、などによって手法も変わってきます。それぞれの特性をよく理解する必要があるでしょう。

## COLUMN ブロックチェーンと PBFT

　コンピュータの障害にもさまざまなものが含まれます。例えば、ネットワークに接続しているコンピュータの電源が落ちてしまったり、あるいは、通信を行うプログラムに異常が起きて処理が遅くなったり、さらには異常終了してしまったり、その結果としてうんともすんとも反応しない状態になってしまうことがあります。このような障害は停止障害と呼ばれます。ブロックチェーンに限らず、以前から存在する複数のサーバで構築されたシステムでもこのような障害はつきものです。停止障害の場合には、一定時間内の応答がないコンピュータは無視して（一時的にでも接続から切り離す等）、他のコンピュータだけで処理を継続するといった対策を採ることができます。停止障害への対策を効果的に行う手法についても研究されてきました。その例としては Paxos というアルゴリズムがあります。ここでは詳細は触れませんが、興味のある方は参考文献 [1][2] を参照してください。

> [1] Leslie Lamport, "The Part-Time Parliament", 2000
> [2] Leslie Lamport, "Paxos Made Simple", 2001

　ブロックチェーンのような、多数の異なる管理者によってコンピュータが接続される場合には、上記の停止障害にも別の問題も起こり得ます。例えば、管理者の中に悪意があるものや、あるいは、悪意がなくとも何らかのミスによって、矛盾するような取引情報を同時に送ってくるなど、想定外のメッセージを通信してくるコンピュータがあるかもしれません。このような想定外のメッセージを送ってくる一部のコンピュータによってシステム全体に混乱が起きることは問題です。停止障害だけでなく、このような障害も含めたものは任意障害やビザンチン障害と呼ばれます。ビザンチン障害への対処としてはブロックチェーンが登場する以前からも議論されてきました。そして、その対策の仕組みとして PBFT[3] があります。

> [3] Miguel Castro and Barbara Liskov, "Practical Byzantine Fault Tolerance", 1999

　単一の管理者が複数のコンピュータで構成されるシステムを管理するときには、主に停止障害への対策を考慮することになりますが、個々のコンピュータが均一に管理されていることを前提にしないブロックチェーンのようなモデルでは、ビザンチン障害への対処を考慮する必要が出てくるでしょう。ブロックチェーンの議論（特にパーミッションドの場合）で PBFT の話題が登場することがあるのも、このような背景があります。
　パーミッションドブロックチェーンのさまざまなソフトウェアが、仕組みとして

PBFTそのものを使っているとは限りませんが、解決しようとしている問題やアプローチ方法を理解する助けになると考えられますので、ここで簡単に紹介します。

PBFTではクライアントが要求したデータを複数の複製者（データの複製を持つコンピュータ）が保持するファイルやデータベースに書き込む問題を考えます。また、その複製者にウソをついたり、黙りこんでしまったりというような、障害のあるプログラムを稼働するコンピュータが紛れ込むかもしれないという状況を考えます。そのような状況の中でそれぞれの複製者が受信したクライアントからのデータが同じものであると、複製者同士が確認しあうにはどうしたらよいでしょうか？ 複製者の中にはウソをついて、クライアントから受信したデータとは別のデータを示すかもしれません。その問題への対策としては、それぞれの複製者が別の複製者とデータを確認しあうことでウソのデータを排除する方法も考えられます。

しかし、各々の複製者同士がデータを確認するメッセージをやり取りすると、そのメッセージ数は複製者の数に応じて指数関数的に増えてしまいます。参加者が多くなるとメッセージ数が爆発的に増え処理に多くの時間を費やすようになってしまうことになります。そこでPBFTでは各複製者のデータを複製するための確認方法として次のような方法を採ります。

### PBFTのフローの例

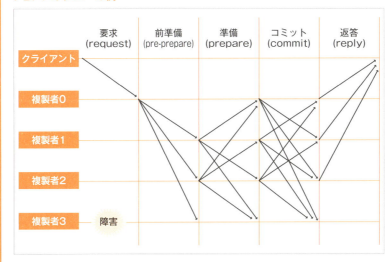

ここで、障害があるかもしれないコンピュータの最大数をfとします。PBFTでは複製者の中からプライマリーの役割とバックアップの役割に分けます。図では複製者0がプライマリー、複製者1から複製者3までをバックアップとしています。大まかに以下のような手順のやり取りを経て各複製者は最終的にデータの書き込みを行います。

1. クライアントはプライマリーへデータの書き込み要求を送る（図中の要求段階）。
2. プライマリーは前準備（**pre-prepare**）として、**1.**の要求に基づいた書き込み内容の提案を作り、すべてのバックアップとなる複製者に送る（図中の前準備の段階）。
3. バックアップとなる各複製者は書き込みの準備段階として、**2.**のメッセージに基づいて書き込み内容を記した書き込み準備メッセージを作成し、他のすべての複製者（プライマリーとバックアップ）に送る。
4. 他のバックアップからの書き込み準備メッセージを受信した各複製者は、手順**2.**の提案内容と手順**3.**の書き込み準備の内容が一致しているバックアップの数が十分な数（自分を除いて **2f**）であることを確認する。この確認が済んだら、コミット段階（**commit**）に移行する。各複製者はこれから書き込もうとする内容を他のすべての複製者に送信する（図中のコミット段階）。
5. 他の複製者からの書き込みメッセージを受け取った複製者は、その内容が手順**3.**の書き込み準備の内容と一致している複製者の数が十分な数（自分も含めて **2f+1**）であることを確認する。確認ができたら、自分が保持するデータベースにデータを書き込む。その結果をクライアントに返答する。

　この方法によって、f 個のコンピュータに障害があっても、他の 2f+1 個のコンピュータに障害がなければ、その障害のないコンピュータ同士は同じデータの複製を持つことができ、システム全体として正常に稼働することができます。

　PBFT では複製者が送信するメッセージには複製者のデジタル署名を付けることを前提としています。上記の各手順では複製者のデジタル署名を検証する処理も含まれており、どのメッセージがどの複製者から来たものであるかは区別したうえで判断することになります。

　また、PBFT ではプライマリー役となる複製者の切り替えのメカニズムも提案されています。例えば、プライマリーに応答がないなどの障害がある場合には、時間切れの設定によって他のバックアップ役の複製者がプライマリー役として切り替わる仕組みがあります。

# ビットコインの
# 仕組み

Chapter

3

ブロックチェーンを利用したソフトウェアは多種多様開発されていますが、その原点ともいえるビットコインの仕組みを理解しておくことによって、他のブロックチェーンの特徴を理解する助けになります。また、種々のブロックチェーンの共通点や相違点を議論するための基礎として役に立つでしょう。ここではビットコインの仕組みを簡単に紹介します。

# 3-1 ビットコインのネットワークとルール

## ビットコインとブロックチェーン

本節からは、ビットコインのネットワークの仕組みやルールについて解説します。

ブロックチェーンはビットコインによって生まれた仕組みです。その後ブロックチェーンを利用したさまざまなソフトウェアが開発されていますが、ブロックチェーンの原点といえるのはビットコインです。ビットコインを理解することで、ブロックチェーンを利用する際の判断の基準を得ることができます。例えば、ビットコイン以外のブロックチェーンソフトウェアを検討する際にも、ビットコインと比較することで、そのそれぞれの特徴がより理解しやすくなります。また、ビットコインの欠点や不向きなことを理解しておけば、他のソフトウェアではそれに対してどのように対策しているか、それともブロックチェーン以外で対策すべきことなのか、といった議論の際に役に立つでしょう。

## ビットコインネットワークの動き

ビットコインの仕組みを理解するために、まずはビットコインのネットワークの動きについて詳しく見ていきましょう。以下にビットコインの取引の手順をまとめました。

**❶事前準備（ビットコインのソフトウェアの稼働）**

取引発生者となるユーザが自分のコンピュータでビットコインのソフトウェアを起動し、ウォレットの機能を有するプログラムを立ち上げます。ウォレットは自分が保有するビットコインなどの暗号通貨の残高や、取引情報にデジタル署名を付与するための秘密鍵を管理するものです。ウォレットのプログラムを用いて、ユーザが取引情報へのデジタル署名を行うための秘密鍵と公開鍵のペアを生成します。秘密鍵は暗号

# ビットコインのネットワークとルール 3-1

化された状態でウォレットのデータに保存されます。

ここではビットコインのソフトウェアを起動しているコンピュータを、ビットコインネットワークのノードと呼ぶことにします。ビットコインのソフトウェアは、通信ネットワーク上でビットコインのソフトウェアを起動している他のノードと接続します。接続先のノードを指定することや、通信ネットワーク上でノードを発見して接続することもできます。接続先のノードから自動的に台帳のデータ（ブロックのチェーン）をダウンロードして自分のコンピュータの記憶媒体に保存します。また、ウォレットのプログラムは台帳の情報の中からユーザ（の公開鍵）に関係する取引情報を抽出して、そのユーザが保有しているビットコインの残高を確認します。

### ❶取引発生者Aによる取引情報の作成

ここで、❶事前準備で環境を設定したユーザを取引発生者Aとします。この取引発生者Aが取引情報（トランザクション）を作成します。取引情報とは誰かに暗号通貨の移転することを指示するための情報です。また、取引発生者Aはあらかじめ暗号通貨を保有するものとします。例えば、事前準備で作成した鍵宛てに、他の誰か（例えば利用者Z）から暗号通貨を移転してもらっているとします。

**取引情報（トランザクション）のイメージ**

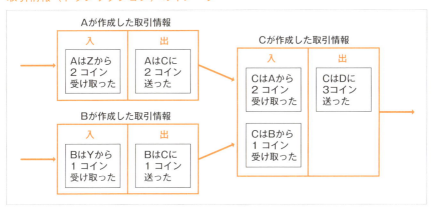

取引情報の内容を簡潔に示すと、以下のようになります。

**(a)** 元手（入力）となる情報：この暗号通貨に関わる前取引情報の**ID**

**(b)** 送り先を示す情報：暗号通貨を移転する先のアドレス（相手の公開鍵の**ID**）

**(c)** 移転する額

**(d)** 取引発生者**A**のデジタル署名

　(a)の前取引情報とは、この取引で使おうとしている暗号通貨がどこから来たかを示している、1つ前の取引情報です。上の例では取引発生者A（以降、利用者Aと呼ぶ）は利用者Zから暗号通貨を移転してもらっていますが、そのときに利用者Zが作成した取引情報がこれにあたります。複数の前取引情報を指定することができます（前取引情報で指定された移転先アドレスに相当する秘密鍵を所有している必要があります）。取引情報から生成したハッシュ値という値をIDとして用いて指定します（ハッシュ値については、64ページのコラムで解説します）。

　(b)と(c)で誰にいくら転送するかを指定します。(b)で指定するアドレスは取引相手の公開鍵のハッシュ値より生成されたものです。アドレスは取引前に何らかの形で相手より取得しておく必要があります。

　(b)(c)は複数指定できます。その場合、(c)の合計額が(a)で入力された取引情報の暗号通貨の合計を上回ることはできません。もらった額よりも多くの額を他者へ送ることはできないからです。また、実際には(c)の合計額は(a)で受け取った暗号通貨の合計額とぴったり同じとせず、若干小さくなる額とします。この差額は、後に説明する台帳登録役となるマイナー（採掘者）が受け取る手数料となります。

　(d)で(a)(b)(c)を含んだ情報に利用者Aのデジタル署名を付与します。このデジタル署名を行う秘密鍵は、(a)の前取引情報で指定されたアドレスの公開鍵と対となる必要があります。つまり、暗号通貨の移転先アドレスを使える者、すなわち、そのアドレスと対となる秘密鍵を使える者だけがその暗号通貨を利用できるというわけです。デジタル署名を付与することで取引情報は利用者A以外の者による改ざんも防止します。デジタル署名の詳細については、57ページのコラムで解説しています。

　このフローの例では、利用者Aが利用者Bに暗号通貨を移転するものとします。つまり、(b)には利用者Bのアドレスを(d)は利用者Aのデジタル署名となります。

### ❷取引情報の送信と転送

　利用者Aが用いるノードから❶で作成した取引情報を送信します。送信された取引

情報は接続しているノード同士が転送し、伝言ゲームのように広がっていきます。この転送時には取引情報が規定のルール（適切なフォーマットに従っているかなど）に沿っているかどうかをチェックし、違反した取引情報は転送しないこともあります。

## 取引情報の送信と転送のイメージ

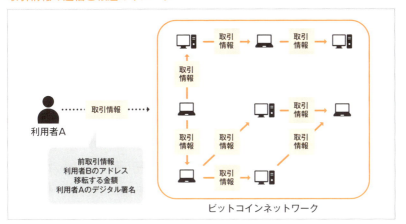

### ❸ブロックの生成

　ビットコインのネットワーク上に取引情報が流れただけでは、その取引情報は有効なものとして認められません。例えば、❶のステップの段階で、利用者Aが相手先を利用者Cのアドレスに変えたような、矛盾した取引情報も同時に作成し、ビットコインのネットワーク上に送信したとします。そして、たまたま利用者Bと利用者Cにそれぞれ自分宛ての取引情報が届いてしまった場合、どちらが正当な受理者であるか判断に困ります。このような矛盾した取引情報を同時に認めるわけにはいきません。

　ビットコインでは、いくつかの取引情報をブロックとしてまとめることで、この問題を解決しています。取引情報をブロックにまとめる際、矛盾した取引情報が同じブロックに含まれないように検証が行われます。そして、ブロック単位で取引情報を扱うことで、ブロックに登録された取引情報が有効なものとして扱われるようになっています。

### ブロックのイメージ

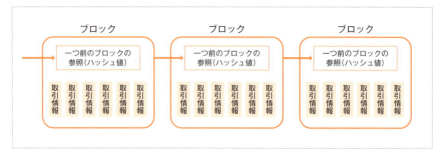

　ブロックは約10分ごとに生成され、1つ前のブロックのハッシュ値を含むことで、連鎖する形態をとります。ブロックのチェーン（連鎖）、すなわちブロックチェーンというわけです。ビットコインネットワークに参加するノードは1本のブロックチェーンの複製を持つことになります。この1本のブロックチェーンが皆が持ち合う台帳全体のことで、ブロックは約10分ごとに追加される台帳の1ページといえるでしょう。ブロック生成の役割を担う中央の機関やサーバも存在しません。その代わりに、ブロック生成に参加するノード同士が競争して生成します。この仕組みについては次節で解説します。

　ここでは、このブロック生成の競争を経て、あるノードがブロック生成に成功したものとします。そして、その新たなブロックには2.で送信した取引発生者Aの取引情報が記録されたものとします。

### ❹生成されたブロックの複製

　ブロック生成に成功したノードは他のノードに通知します。他ノードはそのブロックを取得し、そのブロックが正しくルールに従っていることを検証します。正しくルールに従っているブロックであれば、それを新しいブロックとして受け入れて、自身が保持しているブロックチェーンに追記して保存します。次のブロックの生成を行うノードであれば、新しく生成されたブロックを元に次のブロック生成を開始します。また、取引を実行するノードであれば、新しいブロックを追加したブロックチェーンに記載された取引情報の履歴を参照して、自身のアカウント（鍵のID）に対して最終的にいくらの暗号通貨が移転されているかを集計することで、暗号通貨の残高を確認することができます。

ビットコインのネットワークとルール 3-1

手順の❶から❹を繰り返すことで、ブロックチェーンに取引情報が追記されていき、各取引を有効なものとして実行されることになります。

> **COLUMN ビットコインの取引情報の起点はどこに？**
>
> これまでの説明では、各取引情報はその1つ前の取引情報の参照（ハッシュ値）を含んでいくことで、取引情報の履歴が繋がっていくという話をしました。この履歴をたどることによって暗号通貨がどのように移転していくか辿れるようになります。ビットコインでは 1-2 節「ブロックチェーンの簡単なイメージをつかむために」のデジタル決済システムのように、各人（各アドレス）の口座残高の情報を台帳（ブロックチェーン）に記録しているのではなく、暗号通貨の入と出を表す取引情報の履歴を台帳に保存しています。その履歴からまだ使われていない（他に移転されていない）暗号通貨をカウントすることで各アドレスの残高を確認することができます。このような方式を UTXO(Unspent Transaction Output) と呼ぶことがあります。
>
> では、その履歴の一番最初の取引情報はどのようなものでしょうか？この最初の取引情報はコインベース (coinbase) と呼ばれます。coinbase は新規に発行された暗号通貨の値が記載され、その新規発行分の持ち主となるアドレスが記載されます。coinbase は新しいブロックとともにブロック生成者（マイナー）によって作られます。coinbase はブロックに入る取引情報の先頭に配置されます。coinbase はマイナーがブロック生成の報酬として受け取る新規発行分の暗号通貨が記されているという訳です。受け取る暗号通貨の量はマイナーが勝手に増やすことはできません。新規発行分の暗号通貨の量は約4年ごとに半減するといった発行量のルールが決められており、それがビットコインのソフトウェアに組み込まれているからです。そのルールを勝手に変えて発行量を増やしても、そのような coinbase の入ったブロックは他のノードから拒絶されることになります。

## ビットコインの各種ルール

上記のネットワークの動作はさまざまなルールに基づいており、これらのルールを実装したソフトウェアを各ノードで実行することでネットワーク全体の整合性を維持します。例えば、以下のようなルールがあります。

❶取引情報やブロックなどのデータのフォーマット

各データを記述方法や格納方法といった構文やデータサイズ、記載できる値などの

条件など。

**❷使用される暗号技術の方式（アルゴリズム）や暗号鍵の長さなど**

**❸各ノード間の通信プロトコル**

取引情報やブロックを受け渡すときの要求・応答メッセージなど。

**❹取引情報の生成・検証ルール**

デジタル署名の付与方法など取引情報の生成方法。また、正しい取引情報として受け入れるための検証方法（二重使用がないことやデジタル署名の検証方法など）。

**❺ブロックの生成・検証ルール**

ブロックの生成と検証については例えば以下のようなもの。

- **取引情報のハッシュツリー計算方法**
- **ブロックのハッシュ値の計算方法**
- **暗号通貨の新規発行ルール**
- **ブロック生成の難度調整ルール**
- **ブロック最長ルール**　　　　　　**など**

ブロックの生成・検証ルールについては次節で解説します。

ビットコインのネットワークとルール 3-1

## COLUMN ブロックチェーンに関わる暗号技術、デジタル署名

　デジタル署名とはデータの生成元の確認とデータ改ざんの検知を可能にする技術です。デジタル署名は公開鍵暗号方式と呼ばれる暗号技術に基づいています。

### デジタル署名の概要

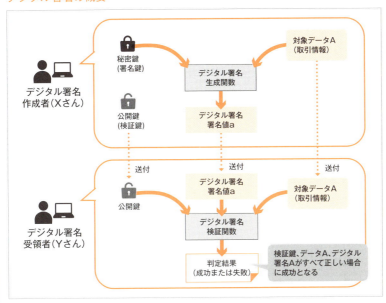

　デジタル署名の生成者はあらかじめ秘密鍵（署名鍵）と公開鍵（検証鍵）のペアとなる鍵を作成します。秘密鍵は他者に取得されないようにデジタル署名生成者が安全に保管する必要がありますが、公開鍵はデジタル署名の受領者に対して配布してよい鍵となっています。デジタル署名の生成から検証までの過程は以下のようになります。

### 1. デジタル署名を生成する

　デジタル署名生成者は、署名を行いたい対象データに対して、秘密鍵を用いてデジタル署名生成を行います。一般的には、デジタル署名生成は対象データそのものよりも対象データのハッシュ値（後述）に対して演算を行います。図中のデジタル署名生成関数の前段にハッシュ関数が入ることが一般的ですが、ここでは割愛します。デジタル署名の生成結果を署名値とここでは呼ぶことにします。

## 2. 署名値、元の対象データ、公開鍵を送付する

デジタル署名の生成者は、受領者に対して、生成演算結果である署名値と、元の対象データ、公開鍵を送付します。公開鍵の送付方法としては署名値と一緒に送付するのではなく、あらかじめ公開鍵を受領者に配布しておくケースもあります。

## 3. 検証処理を行う

デジタル署名の受領者は、生成者より取得した署名値と、元の対象データ、公開鍵を用いて、検証処理を行います。もし、署名値または元の対象データが改ざんされていたり、公開鍵とペアとなる秘密鍵とは異なる鍵で署名値が生成されていたりする場合には、この検証処理の結果は NG を出力します。検証処理で OK と判定されれば、その署名値は元の対象データおよび公開鍵とペアとなる秘密鍵によって生成されたことが確認できます。つまり、その署名値は秘密鍵を持つ者によって作られたものであるということが示されます。

デジタル署名の特徴をまとめると以下となります。

- 秘密鍵と公開鍵のペアを用いる公開鍵暗号方式のため、生成者が署名生成に用いる秘密鍵を受領者と共有する必要がなく、受領者は公開鍵を用いて生成者の署名値を偽造することはできない
- 公開鍵や署名値から秘密鍵を取得したり推測することは多大な計算機能力を投入しても膨大な時間を要するため、現実的に困難
- 署名値の送付を行う通信路において、生成者から受領者の間に仲介者がいたとしても、署名値は秘密鍵を持つ生成者が作成したものであることを確認できる（仲介者が署名値や署名対象データを改ざんしても検知できる）

このようなデジタル署名の特徴は、特にピアツーピアネットワークでデータの出どころを証明する手段として効果を発揮し、ビットコインを始めとするさまざまなブロックチェーンで取引情報の生成に用いられています。

デジタル署名のアルゴリズムにはさまざまなものがあり、例えば、素因数分解問題に基づく「RSA 署名」や、楕円曲線上の離散対数問題に基づく「ECDSA（Elliptic Curve Digital Signature Algorithm）」などがあります。

# Proof of Work のメカニズム

## Proof of Work（PoW）の概要

　前節でも触れたように取引情報はネットワーク上に流れただけでは有効なものとして認められません。各ノードが複製を持つ台帳（ブロックチェーン）に記載されて初めて有効な取引として認識されます。それ以降に送られてきた取引情報もこの台帳に基づいて、すでに他の者に移転されている暗号通貨をもう一度使おうとしていないかなどのチェックを行うことになります。この台帳はビットコインネットワーク全体で暗号通貨の取引を適切に機能させるために重要なものです。

　台帳はどのノードも同じ記録を持つことが理想ですが、それを実現するために重要な台帳の生成を特定の者の役割として与えてしまうことは、非中央集権の意義を損なってしまいます。台帳の生成を特定の者に任せる、あるいは、特定の者が支配的に生成できる場合、その者にとって都合のよい取引情報の記録を作成することができるようになってしまうからです。例えば、その者に悪意があった場合、あるアドレスの取引を妨害するように意図的に記録しなかったり、過去に自分が行った取引（自分が保有する暗号通貨を他者へ移転）をなかったことにするように記録を抹消したりすることができてしまうかもしれません。複数の者で分業することを考えたとしても、その複数の者をどう選んだらよいかという問題になります。ビットコインのように誰が接続しているのか、いつ接続するかわからない環境では特に難しい問題になります。

　そこで、ビットコインではこの問題へのアプローチとして、多数の台帳作成者の競争で行う方法を採用しました。ビットコインが採用した方法は、ブロック生成には大量の計算を要し、一方で新たなブロックを生成できた者には、報酬として新たに発行する暗号通貨とブロックに含まれた取引情報の手数料の合計を与えます。報酬を得たいノード同士で大量のハッシュ値計算を伴う勝負を行うことになります。報酬が魅力

的であれば、多数の者が台帳生成にチャレンジすることになり、そして、競争に参加する者が多くなるほどブロック生成が特定の者に偏りにくくなることが期待されます。このハッシュ値計算の競争は Proof of Work（PoW）と称されます。

### ビットコインの Proof of Work のイメージ

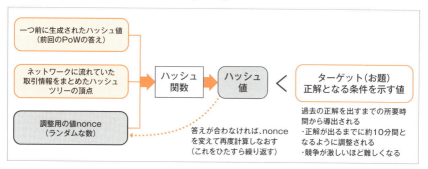

## ビットコインのブロック生成

ビットコインのブロック生成は以下のようなステップを踏んで行われます。

### ❶ブロック生成難度の決定

ブロック生成競争の基準となるターゲット（目標値）を取得します。ブロック生成の競争はこのターゲットの値よりも小さなハッシュ値をステップ❸で発見することになります。つまり、このターゲットは競争の難度となります。各ノードは難度を共有します。難度はある一定の間隔（2016ブロックごと、おおよそ2週間）で再設定されるようになっています。難度は過去の問題の難度と実際に回答に要した時間（すなわち過去のブロック生成の時間）から導出され、ブロック生成の間隔が約10分になるように見積もられます。

### ❷取引情報のハッシュツリー生成

ネットワーク上に流された取引情報のうち、これまでブロックチェーンに記録されていないものをまとめて、ハッシュツリーを作成します。このハッシュツリーとは、ハッシュ値とハッシュ値を合わせて、ハッシュ関数にかけることでまたハッシュ値を得て、という処理をツリー（木）のような構造で繰り返し、最終的に1つのハッシュ値

Proof of Workのメカニズム **3-2**

を得るものです。ハッシュツリーについては64ページのコラムも参照してください。ブロックに含める取引情報はブロック生成者が決定できます。

　この取引情報の中に、このブロック生成者自身が作成する**coinbase**と呼ばれる特殊な取引情報が含まれます。coinbaseには、このブロック生成が成功したときに割り当てられる新規発行分の暗号通貨を獲得するアドレスなどが記載されます。

### ❸ブロックのハッシュ値生成

　ステップ2で算出したハッシュツリーの頂点のハッシュ値と、1つ前のブロックのハッシュ値、そして、nonce（ナンス、使い捨ての数字）としてランダムな値を1つ決めて、ハッシュ計算を行います。その結果得られたハッシュ値をステップ❶のターゲットと比較し、ターゲットよりハッシュ値が小さい場合にはステップ❹に進みます。ターゲットより大きな値の場合には、nonceの値を変えて、このステップを再度実行します。

### ❹新規ブロックの配信と検証

　ステップ❸で最終的に選ばれたnonceや、ステップ❷で計算したハッシュツリーの頂点のハッシュ値、計算対象の取引情報のデータを格納し、1つのブロックのデータを作成します。そして、生成したブロックを他のノードに通知し送付します。ブロックを受信したノードはブロック生成者から受け取ったブロックの答え合わせをします。ステップ❷の手順のようにハッシュツリーの確認を行い、ステップ❸の手順のように、指定されたnonce、取引情報のハッシュツリー頂点のハッシュ値、1つ前のブロックのハッシュ値などから計算されたハッシュ値がターゲットより小さいことを確認します。この答えが正しければ新しいブロックとして受け入れます。

　このような手順でブロックの生成が継続された結果、次の図のようなブロックのチェーンが生成されます。このチェーンを参加者が共有することになります。なお、このブロック生成のフローでは説明を簡潔にするため、SegWit（デジタル署名値と取引情報の分割）に関連するハッシュツリー生成のフローは含んでおりません。

#### ブロックのチェーンのイメージ

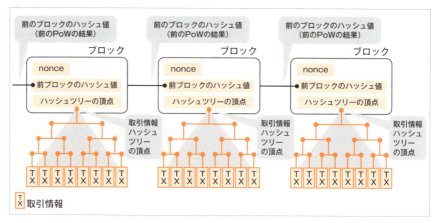

　このブロック生成の仕組みは、暗号学的ハッシュ関数の性質を上手に活用しています（ハッシュ関数は69ページのコラムで説明しています）。暗号学的ハッシュ関数では、出力されるハッシュ値を予測して入力値を決めることは非常に困難なので、ステップ3ではブロック生成者が正解を得るためにはnonceの値を変えながら大量のハッシュ計算が必要となります。その一方で、答え合わせは容易です。ハッシュ関数に入力されるnonceやその他の値もブロック生成者から提供されるため、答え合わせを行うノードは一度のハッシュ計算を行うだけで済むからです。生成者が大量計算の労力を費やし（Work）、その証（Proof of Work）となるハッシュ値の検証は容易というわけです。このProof of Workの仕組みは、ビットコイン以前より提唱されていた「Hashcash」と呼ばれる仕組みを応用したものです。

　多量のハッシュ値計算で条件を満たすものを発見し新たな暗号通貨を獲得するといった一連の競争の行為を、新たな金を採掘する行為に例えてマイニング（mining）と呼び、マイニングに参加する者をマイナー（miner）と呼称することもあります。

　マイニングの成功報酬が魅了的であるほど競争が激しくなり、マイニングに用いるコンピュータをより高速化しようと、より多くの投資がなされるようになります。ビットコインが登場して間もない頃は、机上のパソコンなどの環境でもマイニングの競争に参加できました。しかし、ビットコインがより広く認知され、競争が激化した2014年頃には、複数のマイナー間で連携するマイニングプール、ビットコインのハッシュ値計算に特化したASIC（特定用途の集積回路）、計算機や設備を提供するサービスなども登場し、一般的なパソコンでマイニング競争に勝つことは難しくなりました。

Proof of Workのメカニズム **3-2**

　さて、ブロックに関するルールはProof of Workだけにとどまりません。もう1つの重要な要素として、ブロックの最長ルールがあります。次節で詳しく解説します。

**3**

ビットコインの仕組み

COLUMN ハッシュツリー

ビットコインのブロックを生成する過程で取引情報のハッシュツリーを作成するということを述べました。このハッシュツリーの特徴についてここで簡単に紹介します。

複数のデータがあるとき、それらのデータをつなぎ合わせて1つのデータとし、それをハッシュ関数の入力とすることで、1つのハッシュ値を得ることができます。このハッシュ値は、元となったデータのいずれかのデータが改ざんされた場合にも異なる値になります。つまり、1つのハッシュ値によって複数のデータに対する改ざん検知が可能になる、と考えることができます。しかし、単純に複数のデータを1つにつなぎ合わせてハッシュ関数の入力にする方法には問題があります。それは、ハッシュ値の検証を行う段階において、元の複数のデータがすべてそろっていることが必要で、さらに、元の順番どおりにつなぎ合わせる必要があるという点です。いずれかのデータが欠けていたり、一部の順番を入れ替えてしまったりしただけでも、異なるハッシュ値が出力されたと検出されるからです。つまり、一部のデータが不要になっても、その他の（まだ必要な）データの改ざん検知のために保存し続けることになります。

### ハッシュツリーの例

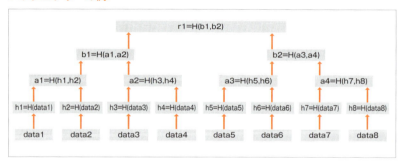

このような問題を考えたとき、ハッシュツリーには便利な特徴があります。ハッシュツリーとは、上に図に示すように木のような（図の表現では木を逆さにしたような）構造でハッシュ値の計算を繰り返し重ねていく方法です。この図の例では8つのデータ（data1～data8）から1つのハッシュ値を得ることを考えます。ハッシュ関数を「H」、8つのデータに対するそれぞれのハッシュ値をh1～h8とします。ハッシュツリーの構造にはさまざまありますが、この例では各々2つずつ組み合わせていく二分木構造とします（ビットコインでは二分木です）。h1とh2を連結し、それをハッシュ関数に入力して得られたハッシュ値をa1とします。同じようにh3, h4から得たハッシュ値をa2とします。再びa1とa2を連結し、それをハッシュ関数に入力して得られたハッシュ値をb1とします。図のようにh5～h8に対しても行い、ハッシュ値b2を得る

ものとします。最後にb1とb2を連結して、そのハッシュ値r1を得ます。このように最後に1つのハッシュ値となるまでハッシュ値を組み合わせていきます。この木の構造の高さ（段数）は元のデータの個数（例ではh1〜h8の8個）と組み合わせ方（2つずつ組み合わせる二分木とそれ以外の方法など）によって変わってきます。

さて、ハッシュツリーは完成しました。では、ハッシュツリーを用いて、元のデータの改ざん検知を行うにはどうしたらよいでしょうか？ 元の8つのデータ（data1〜data8）がそろっていれば、先の計算を再度実行することでハッシュツリーを再現し、頂点のハッシュ値(r1)を得ることができるでしょう。もし、r1にならなかった場合には、元の8つデータのうちいずれかが改ざんされていることとなります。では、data1だけ改ざんを検証したい場合にはどうしたらよいでしょうか？

### 部分的なハッシュツリーを用いた検証

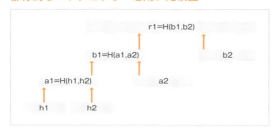

この図のように、data1自身と、h2とa2とb2のハッシュ値さえそろっていれば、頂点のハッシュ値r1を再計算できます。data1と共に、照合用にr1を、再計算用にh2とa2とb2だけを保存しておけば、data1の改ざんを検知できます。data1だけに興味がある人はdata2〜data8をわざわざ残す必要はなくなります。data2〜data8に対しても同様です。それぞれの再計算に必要なハッシュ値は異なりますが、必要最小限のハッシュ値だけが得られれば、再度ハッシュツリーを計算して照合できます。

このようにハッシュツリーを用いることで、多数のデータを1つのハッシュ値にまとめつつ、検証を行いたいデータだけを残すといったこともできるようになります。ビットコインでは、過去のすべての取引情報を含んだ台帳（ブロックのチェーン）を保持するノード（フルノード）もありますが、ノードの管理者（例えばウォレットを持つユーザ）にとって関連のある取引情報のみを保存したいという場合もあるでしょう。そのような場合には、自身に関係のある取引情報とそのハッシュツリーの検証に必要なハッシュ値のみを残すといった方法もできるようになります。

# 3-3 ブロックチェーンの分岐対策

## チェーンの分岐とは

　前節では、ビットコインではハッシュ値計算の競争によってブロック生成を行う仕組みを取り入れていることを説明しました。では、ターゲットより小さなハッシュ値を発見しブロック生成に成功したものが、ほぼ同時期に複数現れた場合にはどうなるでしょうか？　あるいは、何らかの理由で一時的にネットワークが分断され、最初にブロック生成に成功した者からの通知が行き届かなかった場合にはどうなるでしょうか？

### 異なるチェーンが生まれるケース

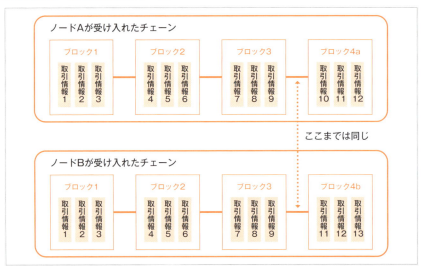

　上の図のように、ノードAとノードBはこれまでブロック3まで受信しており、同じチェーンを共有していますが、次に受け取るブロック（図中の4つ目のブロック）が

ノードAとノードBで異なる場合があります。この場合、ビットコインネットワーク全体で見たときには、4つ目のブロックが異なるチェーンが同時に成立していることになります。このような状態をチェーンの分岐と呼んでいます。

ブロックに格納される取引情報はブロック生成者によって異なるので、図のようにノードAが保有するチェーンには存在する取引情報10が、ノードBが保有するチェーンには存在しないといった状況になります。

## 最長のチェーンが採用される

チェーンの分岐問題の対策として、ビットコインではブロックのチェーンが長くなるものを採用するというルールがあります。チェーンが長くなるもののほうが、より多くの参加者（ブロック生成者）に受け入れられたのであろうという仮定です。各ノードでは分岐するようなブロックを受信した場合にも、いずれも一時的に保存し、やがて、より長くなったチェーンのほうを成立したものとして受け入れるという動作を行います。

### 最長となるチェーンの受け入れ

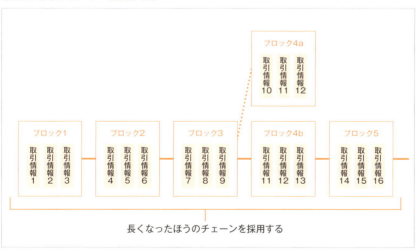

このルールの採用により、長い目で見た場合にはブロックのチェーンを1つに収束させていくように見えますが、一時的な分岐は避けられません。図のようにブロック4bを含むチェーンが伸びていき、そちらのチェーンが採用されたとします。この場合、

ブロック4aを含んだチェーンを参照していたノードAは時間経過後にブロック4bの
チェーンに入れ替わるということが起きます。ブロック4aに含まれていた取引情報
10も見えなくなります。取引情報10は送信元のノードが再送して、ブロック4bの
チェーンの後続するブロックに格納される可能性があります。このようにブロックの
一時的な分岐により取引情報の成立が覆る可能性もあるため、受け取った暗号通貨を
使ってよいかを確認するためにはいくつかのブロック生成を待つことが推奨されてい
ます。例えば、ビットコインの開発コミュニティが配布しているソフトウェアでは受
け取った暗号通貨を他の者に移転するには6回のブロック生成を待つように設定され
ています。

## ブロックチェーンの書き換えは可能か

このブロックの最長ルールを逆手にとって、自分にとって都合のよいチェーンに上
書きをしようとする攻撃者がいたらどうでしょうか？ 例えば、攻撃者は先に自分の取
引情報（例えば、図中の取引情報10）が入ったブロックのチェーン（図のブロック4a
のチェーン）を受け入れさせておき、後から、その取引情報10が入っていない、長い
チェーン（図のブロック4bのチェーン）で覆すというものです。そのためにその攻撃
者は、他者のノードたちよりも先んじてブロック4bのチェーンを生成しておく必要が
あります。ブロック4bを置き換えるだけでは、ブロックチェーンの上書きとしては不
十分です。なぜなら、攻撃対象のブロック4bが書き換えられたことによりブロック4b
のハッシュ値は変化し、また、それ以降のブロックもそれぞれ1つ前のブロックのハッ
シュ値を含むため、連鎖的にハッシュ値が変化してしまうためです。攻撃者は攻撃対
象ブロック以降のすべてのブロックを新たに作り直す必要があり、それらのすべての
ブロックに対してもProof of Workの大量のハッシュ計算を行い、さらに、他のノード
たちが次々に行うブロック生成を追い越さなければなりません。他のノードが有する
ハッシュ計算能力の合計を上回る計算能力（条件によってはもっと少ない計算能力）
を攻撃者が持つことができればブロックのチェーンを上書きすることによる二重使用
に成功できるという報告（[1][2]）もありますが、それは容易ではないといえます。

[1] Meni Rosenfeld, "Analysis of hashrate-based double-spending", 2012

[2] Ittay Eyal and Emin Gun Sirer, "Majority is not enough: Bitcoin mining is
vulnerable", 2013

## COLUMN （暗号学的）ハッシュ関数

ハッシュ関数とは、入力されたデータに対してある長さの値（ハッシュ値）を出力するものです。そのハッシュ値は元のデータが同じであれば同じ値になりますが、元のデータが1ビットでも異なると全く異なる値になります。同じハッシュ値になる2つの異なる入力データを求めることが難しく、また、ハッシュ値から入力データを計算することや推測することは困難であるという性質を備えています。

### ハッシュ関数のイメージ

ハッシュ関数にはさまざまなアルゴリズムがあり、ビットコインで使用されている「RIPEMD」や「SHA-256」、その他だと「SHA-3」などがあります。例えば、SHA-256ではどんな入力データであっても長さが256ビット（32バイト）のハッシュ値を出力しますので、大きなサイズのデータ同士を比較したい場合に、ハッシュ値によって比較することで、元のデータ同士を比較することなく（圧倒的な確率で）一致性を確認することができるようになります。また、57ページのデジタル署名のコラムでも触れましたが、署名生成の演算をハッシュ値に対して行うことで、データの改ざん検知という性質を損なうことなく、署名生成処理の負荷を下げることができます。

このように、元のデータではなくハッシュ値を用いることでデータの識別やデータの改ざん検知（一致性の確認）を容易にすることができます。改ざん検知という点では前述のデジタル署名と同じように聞こえるかもしれまんが、ハッシュ関数自体には、デジタル署名のようなハッシュ関数使用者固有の鍵は使用しません。元のデータさえあれば、誰もがハッシュ関数を用いてハッシュ値を生成し、ハッシュ値の比較を行うことができます（いい方を変えるとデジタル署名のような生成者の検証はできません）。

ビットコインやその他のブロックチェーンでは、主に次のような場面でハッシュ関数が用いられています。

- 取引情報に対するデジタル署名の演算対象
- 取引情報の識別(トランザクションID)

- ブロックに格納する取引情報を束ねたハッシュツリーの生成
- ブロックのチェーン生成

　説明が難しくなりますが、暗号学的ハッシュ関数の性質として以下のようなものがあるので、参考までに記します。ここでHはハッシュ関数、メッセージ x を H に入力することで出力される値（ハッシュ値）を h とします。

### 衝突困難性

　$H(x) = H(y)$ となるような、x と y $(x \neq y)$ を計算することが困難。

### 原像計算困難性

　出力 h が与えられたとき、$h = H(x)$ となるような入力 x を計算することが困難。

### 第二原像計算困難性

　入力 x が与えられたとき、$H(x) = H(y)$ となるような、$y (\neq x)$ を計算することが困難。

# スマート
# コントラクト

Chapter

# 4

ブロックチェーンのソフトウェアの中には、誰かから誰かへ暗号通貨を送るといったような単純な取引情報以外にも、取引を成立するための複雑な条件を記述することのできる機能を備えたものもあります。その機能はスマートコントラクトと呼ばれます。この章ではブロックチェーンで実現しようとするスマートコントラクトの概要を説明し、その特性について解説します。

# 4-1 ブロックチェーンとスマートコントラクト

## スマートコントラクトとは

　ビットコインの取引情報には**scriptSig**と呼ばれる、デジタル署名を検証するときに実行する命令コードやコマンドを記述できる仕組みを備えており、暗号通貨の移転に関する単純なルールを追加できるようになっています。例えば、scriptSigを用いて、決められた数の、複数人のデジタル署名が付与されていなければ、その取引情報で書かれた暗号通貨の移転は有効化されない、といったことを実現することができます。ビットコインのscriptSigで表現できる内容は限定的であるため、複雑な条件判定が含まれるような高度な処理に向いていませんが、シンプルなルールであれば追加できる余地はあります。さらに、この概念をさらに発展させて、ビットコインとは別のソフトウェアとして、より複雑な処理をからめた取引情報の実行を行えるようにしたものも登場しました。取引情報にプログラミング言語によるコードも追加できるようにし、単純な暗号通貨の移転だけなく、台帳に記載された情報に基づいてより複雑な判断を行うような処理を行えようになります。この機能は**スマートコントラクト**と呼ばれます。Hyperledger Fabric v1.0における「チェーンコード」のように、別の名称が付いているものもありますが、概念としては同種のものといってよいでしょう。技術的な仕組みだけに着目した場合、ブロックチェーンにおけるスマートコントラクトは、ブロックチェーンのシステム上で利用者が作成したプログラムを、暗号通貨を送金する取引情報の実行と似たような仕組みで実行するものといえます。

## スマートコントラクトという言葉

　このスマートコントラクトという言葉は、そもそもブロックチェーンとは別に現れたものものです。スマートコントラクトの概念は、ビットコインが登場する以前である1996年にNick Szabo氏が執筆した「Smart Contracts: Building Blocks for Digital

Markets」という文書に登場します。この文書におけるスマートコントラクトは、これまで紙の文面で記してきたような契約の条項を契約の当事者が違反しにくい方法によってハードウェアやソフトウェアに組み込んで実現するというような概念です。この文書の中ではスマートコントラクトの原始的な例として、自動販売機を挙げています。自動販売機は硬貨が投入されれば、商品とお釣リを返却します。それを1つの契約として捉えるなら、その契約に反すること、つまり自動販売機を破壊することを考えたとき、破壊するコストよりも自動販売機に収められている資産のほうが少ない場合には高くついてしまいます。この場合のコストとは、自動販売機を破壊するための道具や設備の他にも、自動販売機を破壊することによる逮捕されるリスクなども含まれます。このように、違反することによって得られる資産よりも、そのためのコストや内在するリスクのほうが高くなる場合には、潜在的に違反される可能性は少なくなるというのが、Nick Szabo氏のスマートコントラクトの考え方です。

このような違反されにくい契約をデジタルな方法で制御することによって実現することを提案しています。この文書では、スマートコントラクトを発展させたアイデア（スマートプロパティ）の一例として、自動車をローンで購入した者がローンの支払いをできなくなったときに、自動的に自動車の鍵のコントロールが債権者である銀行に移るといったものを挙げています。

このようなNick Szabo氏の提唱するスマートコントラクトは、ブロックチェーンとは独立した概念ですし、また、各種ブロックチェーンもNick Szabo氏のスマートコントラクトを実現することを目的としているとも限りません。しかし、ブロックチェーンにおけるスマートコントラクトを考える上での示唆が含まれていると考えられます。

## ブロックチェーンのスマートコントラクトでは？

Nick Szabo氏が思い描いたような世界をブロックチェーンによって技術的に実現できるかどうか考えてみましょう。例えば、契約に関わるルールの施行をプログラムに置き換え、そのプログラムをブロックチェーン上で機械的に実行することができたとします。ブロックチェーンがもたらす、機械的なスマートコントラクトの実行や、実行結果の記録を覆すことの困難さといった性質を巧みに応用することで、契約の当事者が一方的にそのルールの遂行を破棄することが難しくなるような仕組みを構築できるかもしれません。その観点では、Nick Szabo氏のスマートコントラクトの概念に近

付いているようにも見えます。ただ、それはあくまでもブロックチェーンの世界の中に閉じられたできごとです。ブロックチェーンの中だけで完結するルールの施行であれば実現できるかもしれません。しかし、Nick Szabo氏のスマートコントラクトのような世界だけに限らず、さまざまな応用場面を考えたとき、デジタルデータの世界だけでなく人やモノも巻き込んだ環境も含めた考慮が必要になる場面があります。それを考えるためにも、ブロックチェーンのスマートコントラクトで何ができるか、また、どのような特徴があるのかを理解したうえで、ブロックチェーンの外の世界とどのようにつながっていくのかを考えることが大切です。

## スマートコントラクト実行の概要

　暗号通貨のやり取りの場合には、第2章で示したように暗号通貨の送信を行う取引発生者が取引情報を作成し、ブロックチェーンネットワークに送信することで、やがて台帳に登録されて取引が完了する状態となるという流れになります。スマートコントラクトの場合には、ブロックチェーンソフトウェアの仕組みによって詳細は異なりますが、おおよそ以下のような流れとなるでしょう。ここで、スマートコントラクトを作成する者をスマートコントラクト作成者、そのスマートコントラクトを実行しようとする者をスマートコントラクト実行要求者と呼ぶことにします。また、これらの流れは第2章の「台帳登録と台帳保持までの流れ」を踏まえたものとなっています。

❶スマートコントラクトの作成

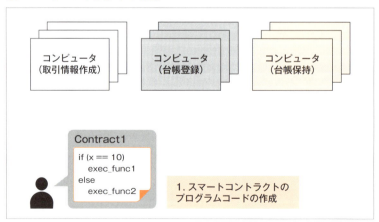

スマートコントラクト作成者がスマートコントラクト（プログラム）を作成します。

❷ スマートコントラクトの送信

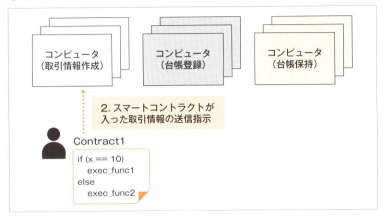

スマートコントラクト作成者が取引情報作成プログラムを用いて、❶で作成したスマートコントラクトを取引情報に含めてブロックチェーンネットワークに送信します。

❸ スマートコントラクトの台帳への登録

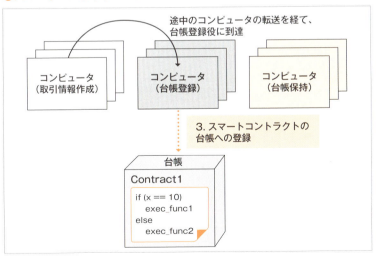

台帳登録プログラムがスマートコントラクトを含む取引情報を台帳に登録します。

❹スマートコントラクトが記録された台帳の複製

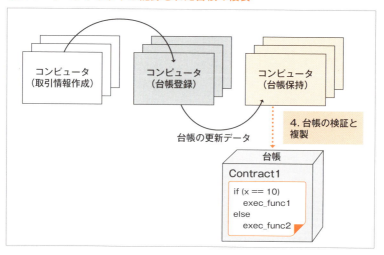

❸の台帳を受信した台帳保持プログラムは、その台帳が正しいかどうか（台帳生成ルールにのっとっているか）検証を行います。検証結果がOKであれば、台帳保持プログラムは自身が保持する台帳を更新します。

❺スマートコントラクトの呼び出し

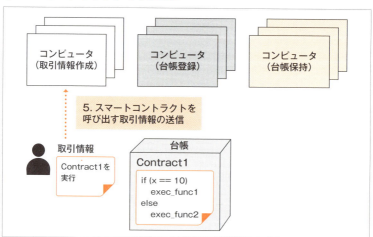

スマートコントラクト実行要求者が、登録されたスマートコントラクトを呼び出す取引情報を作成します。取引情報には、呼び出すスマートコントラクトの名称や識別番号、そのスマートコントラクトへ入力する値（関数への引数）なども指定します。作成した取引情報を、取引情報作成プログラムを通じてブロックチェーンネットワークに送信します。

### ❻スマートコントラクトの実行結果の記録

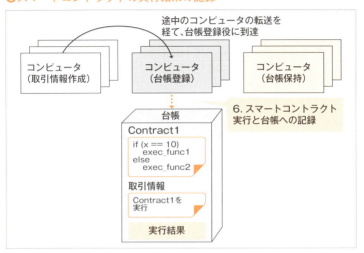

台帳登録プログラムが❺の取引情報で指示された内容に従ってスマートコントラクトの処理を実行し、その実行結果を台帳に登録します。作成された台帳の更新データを台帳保持プログラムに転送します。

> **COLUMN　実行結果が台帳に記録されない場合もある**
>
> 　実際には実行結果の内容そのものが台帳に記録されるとは限りません。例えば、関数のコード（処理フローの記述）とその関数に入力する値さえあれば、実行結果が再現できる処理（決定的アルゴリズム, deterministic algorithm）があります。そのような場合には、関数のコードと入力する値だけ台帳に登録しておき、各コンピュータで実行結果を再現するといったケースもあり得ます。ここでは、そのようなケースも含めて、実行結果そのものが登録されている、あるいは、実行結果を再現できる最低限の情報が登録されていると考えます。

❼台帳に登録された実行結果の複製

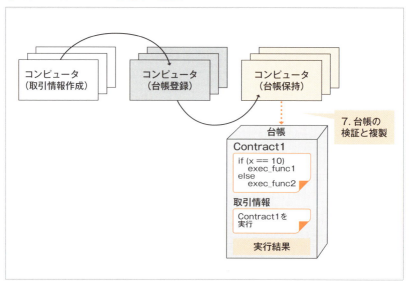

❻で作成された台帳を受信した台帳保持プログラムは、台帳が正しく検証できることを確認したうえで自身が保持する台帳を更新します。台帳検証の過程で、台帳に登録された取引情報の内容に従いスマートコントラクトの処理を実行し、その結果が台帳に記された記録と矛盾しないかどうかを確認します。

❶のスマートコントラクト作成者と❺のスマートコントラクト実行要求者は一致するとは限りません。汎用的な機能を持つソフトウェアライブラリのようなスマートコントラクトを提供する作成者と、その利用者といったケースもあります。また、❻のスマートコントラクト処理の実行と登録の手順は、台帳登録プログラムとは別にスマートコントラクトの実行を試行して結果を検証する役目を持つプログラムと分担して行う形態もあり得ます。ここでは、そのプログラムをスマートコントラクト実行検証プログラムと呼ぶことにします。その形態の場合には、台帳登録プログラムはスマートコントラクト実行検証プログラムから得た実行結果に基づいて台帳登録を行うことになります。

　上記のようにブロックチェーンの台帳生成と連動してスマートコントラクトのプログラムが実行されることで、あたかもブロックチェーンのネットワークが1つの仮想

ブロックチェーンとスマートコントラクト **4-1**

的なコンピュータのように見えるかもしれません。この構図を指して、ブロックチェーンを分散化されたコンピュータによる仮想マシンとして論じられることもありますが、ブロックチェーンは他の仮想化技術や分散処理技術とは異なる特性を持っていますので、その点に留意しておく必要があります。

---

**COLUMN スマートコントラクトはどの言語で書かれるのか**

スマートコントラクトで用いられるプログラミング言語はブロックチェーンソフトウェアの仕様によって異なります。また、ブロックチェーンソフトウェアによってはスマートコントラクトの開発を支援するツールなどが提供されることもあり、スマートコントラクト作成者はそのツールを用いることもできます。例えば、イーサリアムでは Solidity というプログラミング言語が用いられ、Hyperledger Fabric では Go 言語が使用されています。

---

**4**

スマートコントラクト

# 4-2 ブロックチェーンにおけるスマートコントラクトの特性

## スマートコントラクトにおける分散処理の目的

　ブロックチェーンのスマートコントラクトの大きな特徴の1つは、スマートコントラクトとして記述されたプログラムの実行が、各コンピュータによって相互に検証可能であることにあります。つまり、大げさにいえば、ネットワーク参加者がスマートコントラクト実行の目撃者（監視者）になり得るということです。この根底にある考え方はビットコインの設計思想にも通じているとも考えられますし、Nick Szabo氏のスマートコントラクトで触れられている観察可能性や検証可能性（94ページのコラムを参照）にも共通点があるように見受けられます。

　一方、分散処理技術の中には、プログラム実行の効率化を目的とするものもあります。例えば、巨大な文書データの中から特定の文字を検索する処理を考えたとき、1つのコンピュータで1ページずつ順繰りに検索するよりも、いくつかのページごとに別々の計算機で分担して同時に検索したほうが効率的であるといったようなものです。

### 効率化のための分散処理のイメージ

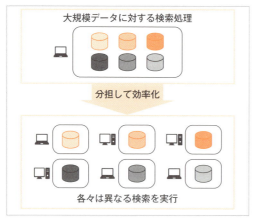

# ブロックチェーンにおけるスマートコントラクトの特性 4-2

　このようなプログラム処理の効率化を目的とする分散処理とブロックチェーンのスマートコントラクトは目的が異なります。ブロックチェーンはスマートコントラクトの実行結果を相互に検証し共有します。前述のスマートコントラクト実行のフローでも記載したとおり、あるコンピュータで実行した処理をまた別のコンピュータでも再現して検証するために同じ処理を実行するといったことが起こり得ます。

## ブロックチェーンのスマートコントラクト処理のイメージ

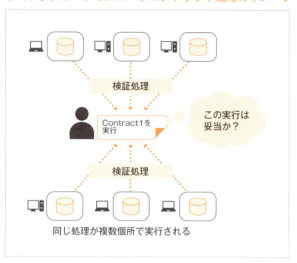

　スマートコントラクトの記述によっては、ネットワークに参加するコンピュータ全体の負荷を上げてしまうことにもなりかねません。スマートコントラクトは基本的にはネットワークの参加者で共有されること（特定の者だけと共有する機能を有したブロックチェーンもあります）、そして、その実行は各コンピュータが提供する計算資源（コンピュータの能力）によってなされているという点に留意しておく必要があるでしょう。例えば、イーサリアムではスマートコントラクトを実行するためには、その実行を要求する利用者がプログラムのステップ数に応じた対価を暗号通貨で支払う必要があります。これは、高負荷なスマートコントラクトが乱立することへのブレーキとして働く効果としても期待されます。

　一方で、スマートコントラクトの実行結果を台帳に記録するコンピュータと、その実行結果を検証するコンピュータが存在するという特徴から、スマートコントラクトで処理できる内容についても制約がかかる可能性があります。

# スマートコントラクトの処理に関する制約

　スマートコントラクトの実行結果を反映した台帳を作成するコンピュータをコンピュータA、その台帳を検証するコンピュータとしてコンピュータBとコンピュータCがいたとします。コンピュータA、コンピュータB、コンピュータCで同じスマートコントラクトのプログラムと同じ入力で処理を実行したとき同じ結果が出力されなければなりません。もし、同じ処理が再現できず異なる結果となってしまった場合には、台帳は不一致したものとなり、有効なものとしてみなされず破棄されてしまうことになるでしょう。スマートコントラクトで実行可能な処理は異なる実行環境下でも同じ結果となる処理に限られてきます。

## スマートコントラクト実行のモデル

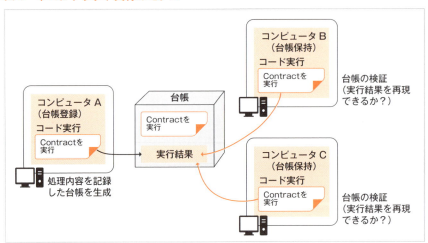

　実行環境により実行結果が異なる処理の例、つまりスマートコントラクトに不向きな例として、以下のようなものが考えられます。このようなブロックチェーンの挙動に支障をきたすような処理は、ソフトウェアの仕様としてあらかじめ実行に制限がかかっていると考えられます。

### ● 実行時の環境に依存した処理の例（時刻に基づいた処理）

　各コンピュータでスマートコントラクトを実行するタイミングはそれぞれ異なります。例えば、処理を実行したときの日付が12月31日であれば「よいお年を」という

## 4-2 ブロックチェーンにおけるスマートコントラクトの特性

メッセージを台帳に記録し、1月1日であれば「あけましておめでとう」というメッセージを台帳に記録するといったプログラムを考えてみます。

先の例におけるコンピュータA〜Cで考えると、まずコンピュータAがこのプログラムを実行し、コンピュータAの日付を見たときには12月31日23時59分でしたので「よいお年を」を記録します。この結果を反映した台帳をコンピュータBとコンピュータCが受け取りますが、この受け取るタイミングもそれぞれ異なります。コンピュータBが受け取った時間は12月31日23時59分で、コンピュータCは少しずれて1月1日0時0分かもしれません。この場合、コンピュータBはコンピュータAの結果を正しいと判断しますが、コンピュータCは結果が異なると判断することでしょう。このように時刻に基づいた処理の妥当性についておのおののコンピュータの時計を基準に判断することはできず、どこかのコンピュータでスマートコントラクトのプログラムが実行された時間を基準に考えることになります。先の例のようなモデルでは、おそらくコンピュータAが主張する時間が正しいことをコンピュータBとコンピュータCが受け入れるというような構図になるかもしれません（第8章のイーサリアムのサンプルでは、この構図を採用しています）。また、この例のようにスマートコントラクトの実行が台帳生成を行うタイミングと一致する場合には、時刻を参照する間隔も台帳生成の間隔と同じになるため、時間間隔への要求が厳しいリアルタイムな処理には不向きと考えられます。

### 時刻に基づいた処理

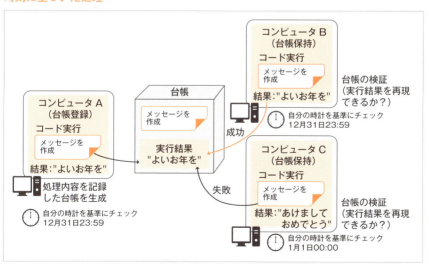

### ◉ 実行時の環境に依存した処理の例（乱数の使用）

コンピュータで生成される（疑似）乱数は再現できないランダムな値として用いられますので、別々のコンピュータで乱数を含んだ処理を実行した場合には異なる結果となります。例えばデータの配列を処理する関数内において、データの配置を偏りなく分散させるために乱数を用いることや、暗号利用に適用可能な乱数によって暗号鍵を生成するといった処理があります。

乱数の使用

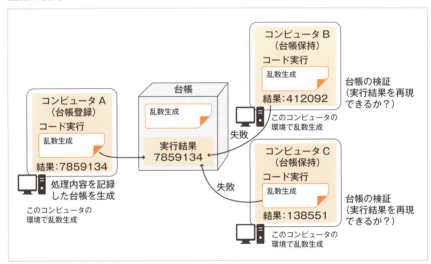

### ◉ 実行するコンピュータだけが保存する情報を用いた処理

例えば、実行するコンピュータが備えるメモリーや記録媒体だけに保存されたデータやデータ配列の位置関係などの状態に基づいた処理が考えられます。

### ◉ 外的要因に依存した処理

ブロックチェーンの外部のシステムに依存した処理です。例えば、外部システムから動的に取得したデータに基づく処理が考えられます。スマートコントラクトの処理を実行するとき、コンピュータが外部のデバイスやシステムやサービスへアクセスしてデータを能動的に取りに行くような処理は不向きといえます。例として、カメラを

含んだセンサーを挙げます。このセンサーは何らかの物体が映ったときに1を返し、何も映っていないときに0を返すとします。もし、コンピュータAから外部センサーへ接続して得られたデータに基づいてスマートコントラクトの処理を行おうとすると、その時点ではセンサーの前に車があり、センサーは1を返すかもしれません。次に、わずかに時間が経過した後、コンピュータCがスマートコントラクトの処理を再現しようとすると、その車はセンサーの前になく、0を返すかもしれません。コンピュータAとコンピュータCはセンサーからの異なる返答を元に処理を実行してしまい、結果が異なる事態になってしまいます。外部のデバイスやシステムやサービスなどの外部リソースから取得したデータに基づいてスマートコントラクトを実行する場合、スマートコントラクトのプログラム上から単純に外部リソースを呼び出すような手法が採れないといった制約が考えられます。

### 外部システムの利用

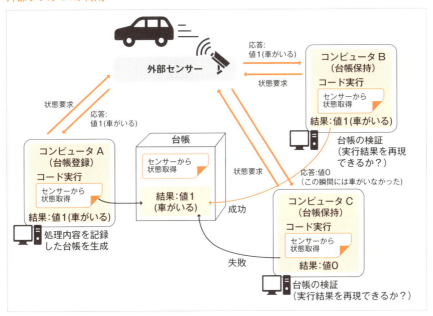

これまで述べたような制約を回避したスマートコントラクトをブロックチェーンの仕組みだけで実現しようとすればするほど、スマートコントラクトの実行を特定のコンピュータだけに依存するようなモデルに、ブロックチェーン自身のアーキテクチャが変貌してくことが想像できます。そして、そのようなアーキテクチャの場合には、

多数のコンピュータによるスマートコントラクトの検証可能性という性質から離れてしまうことになりかねません。スマートコントラクトの検証可能性と実行可能な処理の範囲との間には両立しないものがあり、どちらかに何らかの制約が生じ得ることになります。

　さまざまな応用を考えた場合には、ブロックチェーンのスマートコントラクト機能だけでは実現が難しいものもあり得ます。ブロックチェーンのソフトウェアやスマートコントラクトを補完する形で、外部のシステムやアプリケーションと連動する仕組みを考える必要も出てくるでしょう。次節でその考え方について示したいと思います。

### COLUMN 時刻とブロックチェーン

　スマートコントラクトの実行における時刻の扱いについて触れましたが、ブロックチェーンに限らず、複数の異なるコンピュータを考えた場合、それぞれに備え付けられている時計には多少のずれが生じるものです。それぞれのコンピュータが NTP（Network Time Protocol）などのように特定のサーバとの間で時刻同期を行ったとしても、遠隔にあるそれぞれのコンピュータの時計がずれることなく全く同じ時間を示し続けることを保証することはできません。複数のコンピュータが連携して処理を行う場合には、異なるコンピュータがおのおの示す時刻のずれを考慮しなければならない場面もあります。

　ビットコインのようなブロックチェーンでは、各ブロックに時刻情報が刻まれますが、それはブロック生成を行ったコンピュータの時計が示す時刻になります。各コンピュータの時計はそのコンピュータの管理者に委ねられますので NTP などの仕組みを用いて、どこかの時刻源（基準となる時刻情報を提供するサーバ）と同期しているかどうかも分かりません。また、同期していたとしても、それぞれの各コンピュータが参照する時刻源は同じものとは限りません。特にパーミッションレスブロックチェーンの場合にはどのコンピュータの時刻を絶対的な基準にするというルールを採用することも難しいでしょう。したがって、異なるコンピュータによって作られるブロックに記載される時刻にも多少のずれがあるものとしてとらえる必要があります。例えば、ビットコインのようなブロックチェーンでは、作成されたブロックに記載された時刻が自身のコンピュータの時計から大幅にずれていないか（遅れていないか、先に進んでいないか）を確認したうえでブロックの受け入れ可否の判定を行うことになります。

　このような性質を考えると、ブロックチェーンは時刻に関する正確さや信頼を追求しているものではなく、むしろブロックや取引情報の順序関係の維持を行う性格の強いものであるといえます。ブロックのハッシュ値の連鎖、取引情報のデジタル署名の連鎖、取引情報のハッシュツリーといった改ざん耐性を持つ仕組みによって、後から

ブロックや取引情報の順序を入れ替えることは非常に困難です（ブロックの最長ルールなどで覆られないという前提が必要ですが）。ビットコインのように暗号通貨の移転を行うことを主眼とした仕組みにおいては、この順序関係の維持という性質は重要です。例えば、AさんからBさんに暗号通貨を移転する取引と、BさんからCさんに移転する取引の実行が逆転してしまった場合、Bさんが保有していない暗号通貨を移転することになり矛盾してしまうでしょう。このように暗号通貨の取引が矛盾なく成立するためには、取引の前後関係の維持はなくてはなりません。

　単純な送金のように暗号通貨の移転を行うことだけを考えた場合には、取引情報を送信した後に可能な限り即座に結果が反映されればよく、台帳生成を行うコンピュータ間の時刻のずれはさほど問題にはならないかもしれません。暗号通貨の二重使用などを排除するためには、取引の順序性だけ担保することで機能できるでしょう。しかし、もう少し発展させた利用場面を考えた場合にはどうでしょうか？　例えば、月末のある日になると自動的に取引情報が実行されるというようなスケジュールと連動した処理を行うようなケースです。

　このような処理は取引の順序関係だけでは実現できず、時刻に基づいた処理が必要となります。このように、単純な暗号通貨の移転から発展しスマートコントラクトのような世界を考えた場合には、取引情報の順序関係が確認できればよいとはいい切れず、ブロックチェーンがもたらす時刻に関しても考慮が必要となります。ブロックチェーンの各ソフトウェアに対して、どのコンピュータの時計に基づいた処理が実行されるのか（多くは台帳生成を行うコンピュータの時計が基準になると想像しますが）、また、時刻を記録する間隔はどれほどか（台帳生成の時間間隔など）などを考慮に入れたうえで、応用先のアプリケーションの要件に合致するかどうか（その適用先の処理に時刻の正確さがどれほど必要か、処理の実行間隔は十分かなど）を検討したり、アプリケーションの実装方法を検討することになります。

# 4-3 スマートコントラクトと外部システムの連携

## ブロックチェーンと外部システムを連携するには

　前節で説明したとおり、ブロックチェーンの外部のデバイスやシステム、サービス（外部のリソース）から取得したデータに基づいてスマートコントラクトを実行するには、工夫が必要となる場合があります。具体的な方法はブロックチェーンのソフトウェアそれぞれによって異なりますが、ここでは簡単に考え方だけ記したいと思います。

　まず前提として、前節で述べたようにブロックチェーンで実行されるスマートコントラクトからは自由に外部のリソースへアクセスできないものとします。このようなブロックチェーンのソフトウェアの場合、そのブロックチェーンを利用するアプリケーションとの関係は次の図のようになります。

### ブロックチェーンと利用アプリケーション／システムとの関係

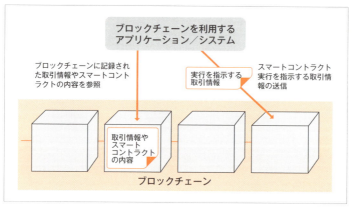

　この図のように、ブロックチェーンを利用するアプリケーションは、ブロックチェーンに記録された取引情報やスマートコントラクトの内容や実行結果を参照することや、ブロックチェーンに対してスマートコントラクトのコードを配置したり、それを

実行する取引情報を送信したりするといった操作を行うことになります。基本的には利用アプリケーションからブロックチェーン側に操作を行うという方向になり、逆にスマートコントラクトから能動的にブロックチェーン外にあるアプリケーション側に情報を送ったりすることはできないか、あるいは何らかの制限を受けることになります（ここではブロックチェーンのソフトウェアの制限でできないものとします）。

このような前提で、ブロックチェーン内のスマートコントラクトと外部のシステムやデバイスなどの既存の外部リソースと連携するにはどうしたらよいでしょうか？

スマートコントラクトのプログラム上から外部のリソースを直接呼び出すことができない場合、外部のリソースからデータを取得し、そのデータをブロックチェーン内のスマートコントラクトが参照できる領域に記録するような、橋渡しとなるアプリケーションやシステムが必要となります。

具体的な実現方法や実装方法はブロックチェーンの各ソフトウェアが有する機能や制限に依存しますが、次に述べるような方法で実現できる可能性があります。

## ◉ 外部システムとの連携方法の一例

次の図に外部システムとの連携方法の一例をまとめました。

### 外部システムとの連携

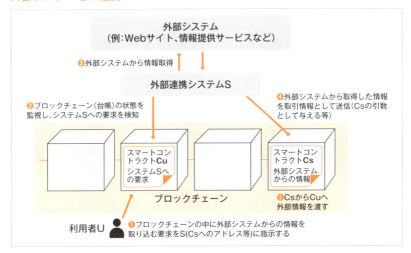

まず、ブロックチェーンの利用者Uが、外部リソースから取得した情報に基づいてブロックチェーンのスマートコントラクトを実行したいと考えます。そして、ブロッ

クチェーンと外部リソースとの仲介役となるシステムSを考えます。システムSは利用者Uからの求めに応じて、ブロックチェーン外のリソースからデータを取得する役目となります。ブロックチェーン側から見ると、システムSもまたブロックチェーンの利用者の1人に相当します。利用者Uは取引情報やスマートコントラクトCuを作成しブロックチェーンに送信することで、システムSへ外部リソースからの情報取得要求を指示します（❶）。システムSは常にブロックチェーンの台帳を監視し、新たな情報取得要求が記録されたかどうか確認します（❷）。情報取得要求があった場合には、その指示内容に従い外部リソースから情報を取得します（❸）。そして、その外部情報を取引情報（システムSがあらかじめ配置したスマートコントラクトCsの実行の引数など）に記載してブロックチェーンに送信します（❹）。スマートコントラクトCsはスマートコントラクトCuに外部情報を渡します（❺）（実装方法によってはシステムSから直接Cuに渡すことができ、Csは不要かもしれません）。Cuは取得した外部情報を元に処理を実行します。

　ここでのポイントは、スマートコントラクトは基本的にブロックチェーンに記録された情報によって実行されるという考えに基づき、外部システムから得た情報も、取引情報などブロックチェーンに記録される形式で入力される必要があるということです。これによって、ブロックチェーンの台帳を共有する、どのノードでも同じ実行結果を再現できることになります。

　このような外部リソースとブロックチェーンの橋渡しの例としてoraclize（http://dev.oraclize.it）というサービスがあり、イーサリアムなどではこれを利用することができるようです。oraclizeは先の例のシステムSに相当し、利用者のスマートコントラクトCuが要求したWebサイトの情報 の代理取得や、前節で触れた乱数の生成を代理で行うなどの動作を行います。

## ● ブロックチェーン外のシステムで接続する際の注意 ●

　ここまで外部リソースとブロックチェーンの橋渡し役として外部システムを使う例を説明しましたが、このような外部リソースと接続するためのシステムをブロックチェーン外に置く場合は、以下に留意すべきでしょう。

### ◉ 外部リソースへ接続するシステムに対する安全性や信頼

　外部リソースへ接続するシステムは、ブロックチェーンの利用者に代わって働く代

スマートコントラクトと外部システムの連携 4-3

理者や仲介者のような立場になります。例えば、そのシステムが利用者が求めていた
ものとは異なるリソースからデータを取得したり、鮮度の古い情報を提供したりして
しまったらどうでしょうか？ あるいは、そのシステム自身がある意図を持って外部リ
ソースから取得したデータを加工して提供した場合はどうでしょうか？ このような
データを使用してしまった場合には、スマートコントラクトを期待したとおりに実行
することはできなくなるでしょう。外部リソースへ接続するシステムを用いる場合に
は、そのシステムの動作が安全で信頼できることが前提になります。

## ◉ 外部リソースへ接続するシステムに関する記録

　上記のシステムに対する信頼にも関係しますが、外部リソースへ接続するシステム
が要求を受け、外部リソースからデータを取得し、そのデータを要求者へ返却すると
いった一連の動作は、ブロックチェーン外で行われます。そのため、それらの動作の
記録はブロックチェーンに自動的に記録されるわけではありません。したがって、そ
のブロックチェーン外のシステムが期待どおりに動作しているかどうかはブロック
チェーンの内部の世界からは見えません。何らかのトラブルや係争において、スマー
トコントラクトが正しく実行されていたかどうかを検証しようとした際、その実行結
果をもたらした外部リソースのデータが正しかったかどうかも問われる可能性もあり
ます。その場合、そのデータ取得を仲介したシステムの挙動に対しても検証が求めら
れることになるかもしれません。そして、それは仲介システムが提供する証拠や保存
されているログなどの記録を元に判断せざるを得ません。外部リソースから取得した
データがスマートコントラクトに与える影響や、そのスマートコントラクトの重要度
などに応じて、仲介者となるシステムが求めに応じて証拠や記録を提示できるかどう
かも考慮に入れる必要があるでしょう。また、スマートコントラクトの内容によって
は、例えば裁判などにおいて、スマートコントラクトの実行から長い時間を経た後に
再検証が求められる場面に遭遇するかもしれません。そのようなケースを考えたとき、
ブロックチェーン上に過去の取引情報やスマートコントラクトの履歴が記録されてい
るのと同様に、仲介者となるシステムについても動作記録や証拠を長期間維持するこ
とが求められる可能性もないとはいえません。

## ◉ 障害点となる可能性

　スマートコントラクトの実行が外部リソースへ接続する特定のシステムに依存した
場合には、その特定のシステムが障害点となり得る可能性があります。その特定のシ

ステムが稼働を停止した場合には、そのシステムが中継する外部リソースのデータの提供が途絶え、そのデータを入力とするスマートコントラクト処理の停止や、正しく実行できなくなる恐れもあります。たとえブロックチェーンの各種機能の実行が多数のノードによって冗長化されていたとしても、外部リソースへ接続するシステムが障害に弱い場合には、全体としては障害に弱いシステムとなり得ます。

## スマートコントラクトに対する考え方

　スマートコントラクトは、そのプログラムで記述されたさまざまな処理実行の内容を各ノードで相互に検証したり、事後にも再検証可能にしたりすることで、処理実行の透明性を確保することに寄与します。その特徴から、スマートコントラクトのプログラム実行にはいくつかの制約が生じ得ます。その制約を踏まえ、スマートコントラクトで実行する処理について以下のような点に配慮が必要となります。

### ◉ スマートコントラクトと外部アプリケーションとの使い分け

　スマートコントラクトのプログラム実行は台帳や取引の生成・検証に伴い、複数のノードで重複した処理を実行するという冗長なものになるので、基本的にはプログラム実行の負荷が重い処理には適していないといえます。それを踏まえると、あらゆるソフトウェアをスマートコントラクトの機能だけで開発しようとすることは現実的とはいえず、ブロックチェーンに接続する外部アプリケーションとの併用で考えることになります。その場合、スマートコントラクトに載せるべきプログラムの範囲をどこにし、外部のアプリケーションで補う範囲をどこにするか検討する必要があります。例えば、どのような処理が行われたかを他者からも検証できるようにするために、透明性を確保したい部分にスマートコントラクトの適用を検討する、などです。

### ◉ スマートコントラクトの自動実行

　スマートコントラクトを巧みに設計してブロックチェーン上に配置することで、それが自動的に実行され、スマートコントラクトの作成者や利用者などの当事者であっても勝手に破棄しにくいルールの施行を実現することも可能かもしれません。例えば、スマートコントラクトのルールを一方的に破棄した場合に、その該当者が預け入れていた暗号通貨等を凍結したり、自動的に罰金を徴収したりするなどペナルティを設ける方法なども想像できるでしょう。これは、記録された状態を元に戻しにくい仕組み

スマートコントラクトと外部システムの連携 4-3

によって機械的に実行することができるというブロックチェーンの特徴がもたらすものといえます。しかし、これは裏を返せば、たとえそのスマートコントラクトの処理に意図しないミスがあったとしても元に戻しにくいということになります。スマートコントラクトに予期せぬバグがあったり、スマートコントラクトを呼び出す利用者に手違いがあったりした場合にも、ブロックチェーンの各ノードはそれがミスなのか意図的なのものなのかを見分けることはできません。スマートコントラクトで記述された命令どおりに実行するだけです。この性質を踏まえて、スマートコントラクトの記述には十分に注意する必要があります。

## ◉ 秘匿性

スマートコントラクトに関わるデータやプログラムは他の参加者と共有されるものなので、当然のことながら他者から秘匿すべきデータに基づいた処理の実行や、処理の内容自体を秘匿したいような場合には問題が生じます。不特定多数が参加するパーミッションレスブロックチェーンの場合はなおのこと、特定の参加者が参加するパーミッションドブロックチェーンにおいても、他の参加者やその中の一部の参加者に対して共有してもよい内容であるかどうかは事前に考えておく必要があります。ブロックチェーンのソフトウェアの中には、ブロックチェーンの参加者すべてではなく、一部の関係者だけに取引情報やスマートコントラクトを共有できるような機能を備えたものもあるようですが、一度ブロックチェーンを運用し始めてしまうと後から設定を変更することが困難なケースもあるかもしれません。あらかじめ、どのような参加者とどのようなスマートコントラクトを実現したいのか、また、将来的にどのようなものに展開したいのかをできる限り想定しておくとよさそうです。

上記のような観点を踏まえて、どのような処理をスマートコントラクトで実現するかを考える必要があります。「参加者同士と共有することでメリットのあるプログラムのコードは何か？」「参加者同士で相互に検証可能にすべき処理とは何か？」「どのようなデータをブロックチェーンに記録しておく必要があるか？」などなど、さまざまな議論を経てスマートコントラクトで記述すべきプログラムを設計することになるでしょう。

## COLUMN　Nick Szabo 氏のスマートコントラクトとブロックチェーン

　Nick Szabo 氏の「Smart Contracts: Building Blocks for Digital Markets」では英米法のコモンローや経済理論、実際の契約条件の観点に基づいて、契約の設計における以下の 4 つの基本的な目的に着目しています。

### 観察可能性（observability）

　契約の当事者本人たちがお互いの契約履行の状況を観察できること、あるいは、契約履行の証明を相手に示すことができること。

### 検証可能性（verifiablity）

　契約の履行や破棄について、仲裁人に対して証明できること、あるいは、何らかの方法で仲裁者が調査できること。

### 当事者間の関係（privity）

　契約の内容や履行に関する情報の取得や管理は、契約の履行のために必要な者だけができるという原則。仲裁者や仲介者以外の第三者が盗み見たり妨害されたりすることで当事者間の関係が脅かされることも考えられ、契約の内容や当事者などの情報についてのプライバシーや機密性についても、この privity の範疇に含まれる。

### 強制力（enforceability）

　契約の履行のために必要な最小限の強制性。評判や自らが進んで遂行するような動機付け、検証可能性なども、この強制力が働くための要素となる。

　この観測可能性や検証可能性は、ブロックチェーンのスマートコントラクトにおける、各ノードで相互に検証可能な性質とも通じるものがあると考えられます。当事者間の関係については、ブロックチェーンのスマートコントラクトでは実行に関わる当事者のデジタル署名で区別されますが、さらにはそのデジタル署名の鍵が実際のどのような人（その資産の所有者や権利者）に結びつくかが問われることになるかもしれません。

　また、この文書中ではスマートコントラクトの要素として、デジタル署名を応用したデジタル化された無記名証券やデジタルキャッシュにも触れており、ビットコインのような暗号通貨の仕組みを連想させるかもしれません。一方、この文書ではスマートコントラクトの実施において代理人や仲介者などの第三者の存在も否定しておらず、このような第三者から取引に関するプライバシーを保護する配慮も見られます。このように、ビットコインやそれに類するブロックチェーン技術との共通点や差異も見受けられ興味深いです。

# 従来技術と
# ブロックチェーン

Chapter

5

ブロックチェーンは単一の技術ではなくさまざまな
技術の集合であるため、その仕組みが複雑に見え
てしまいます。ブロックチェーンを理解するために
は、ブロックチェーンがどのような技術要素で構成
され、その技術要素同士がどのように組み合わさ
っているのかを理解し、ブロックチェーンを構成す
る技術要素と関連する分野についても目を向ける
ことが大切です。従来の技術にもブロックチェーン
を理解するための多くのヒントがあります。ブロッ
クチェーンが苦手とする要素を補うために従来技
術と組み合わせることも考えられるでしょう。この
章では、電子マネー、データベース、PKI、タイ
ムスタンプ技術について概要を紹介します。

## 5-1 電子マネー

### 「電子的な支払い」が持つべき性質

　ブロックチェーンはビットコインの誕生とともに登場した技術であり、また、ビットコインなどが仮想通貨、あるいは暗号通貨と呼ばれるように、新しい電子的な支払い手段として理解されて始めています。一方で、私たちはすでに多くの電子マネーを使っています。これら既存の電子マネーと、ブロックチェーンによって実現される電子的な支払いの違いを説明していきます。

　電子的に支払いを行うときに、最初に実現しなければいけないことは、二重使用の防止です。物理的なお金の場合、同じ現金を2回支払うことにして、商品やサービスを2回受け取ることはできません。一方で電子的なデータの場合、予防手段を何も採らないと、簡単にコピーできたり、情報を書き換えることができてしまいます。例えば、単純に100というデータが100円を表すとした場合、この100というデータをコピーしてしまえば、何回でも100円の支払いができてしまいます。このように、二重使用の防止は、電子的に支払いを行うシステムにとっては必須の性質です。同様に、支払いに使われるデータを偽造することも防止しなければなりません。

　この必須の性質に加えて、電子的な支払いを実現するにあたり望ましい性質としては、以下の点が挙げられます。

- 支払いが、管理者への問合せがなくても可能であること（オフライン支払い）
- 支払いに必要なデータが、利用者間を自由に流通すること（転々流通）
- 支払いにおけるプライバシーが保たれること

　これらのことは、実は現状の現金では実現できていることです。これを電子化するにあたっても、実現することが必要になります。そのことによって初めて、安心して

電子マネー 5-1

電子化された支払いのメリットを享受することができるようになります。

## 1990年代後半の電子現金

電子マネーを実現する技術の研究が始まったのは、1990年代の後半です。このときには、電子的な支払いというだけでなく、いわゆるドルや円のような現金に相当するシステムを実現する、かなり理想的で意欲的なプロジェクトがいくつもありました。「DigiCash」はそのプロジェクトの1つでした。また、MasterCardは「Mondex」、VisaCardは「VisaCash」という電子マネーの実験プロジェクトを行っていました。日本においてもいくつかの電子マネープロジェクトが存在し、その代表的なものとして、日本銀行とNTTが共同で開発した電子現金プロジェクトがありました。この実験では、発券銀行（中央銀行に相当）が匿名性を持った電子現金のデータをデジタル署名とともに発行します。そのデータは、電子現金の利用者が口座を持っている銀行に送られ、その口座から利用者が持っているICカードに格納されました。実際に利用者が何か物を買ったり、サービスを受け取ったりする対価として支払いを行うときには、利用者が電子現金のデータにさらにデジタル署名を付与して、二重使用ができないようにしながら、その電子現金のデータを商店に送ります。電子現金データは、支払いを行うたびにデジタル署名を追加しつつも、口座を持っている銀行や発券銀行に問合せをすることなく、支払いを行うことができました。つまり、オフライン支払いや転々流通が実現できていたわけです。面白い機能としては、利用者間の支払いにおいて、電子現金データを電子メールの添付ファイルの形で送信することができたというものがありました。一方でこの実験では、今のビットコインと同じように、利用者は仮名の秘密鍵と公開鍵をデジタル署名のために利用していて、この仕組みにより支払いにおけるプライバシーを確保していました。

このように1990年代の電子現金のプロジェクトは、かなり意欲的で、後のビットコインが提供する機能のうち、ある程度の部分を実現していました。しかし、それは実用には結びつきませんでした。大きな理由としては、当時のICカードを始めとした、鍵管理がしっかりできるデバイスにおける暗号処理の性能が十分ではなくて、支払いに一定の時間がかかったことや、この電子現金のシステムを導入する動機付けが十分にできなかったことがあります。その意味では、早すぎた実験ではあったのですが、この時代の実験によって得られた知見が、その後の電子マネー発展の大きな基礎となったのは間違いありません。

**5**

従来技術とブロックチェーン

97

## より現実的な2000年代の電子マネー

　日本においては、2000年代に電子マネーが大きく普及します。Suicaなどの交通系電子マネーや、Edyなどの電子マネーがその例にあたります。これらの電子マネーは、即座に支払いが完了しますが、支払いの高速性と利便性を追い求める代わりに、1990年代の電子現金で追い求めたいくつかの性質を諦めるという思想で作られました。1990年代の電子マネーは、ICカードの中には現金同様に、データそのものに価値を表す「100円」などのデータが直接ためられていました。つまり、データによって1つ1つのコインやお札を作り出し、それをICカードという財布の中にためていくという考えで設計がなされていました。一方で、2000年代の電子マネーでは、ICカードには残額が記録されるという方式を採っています。そこで、例えば利用者Aから利用者Bに100円の支払いをするときには、AさんのICカードの残額から100円を減額し、BさんのICカードの残額に100円を加えるという処理を行っています。支払時には高速な処理が求められるため、ICカードに記録されている残額の減額と加算だけを行い、それを定期的にバッチ処理的にセンターに送ってトータルの残額の記録を残していくようにします。電子マネーを発行するセンターには、すべてのICカードの残額が記録されていて、これが電子マネー全体の台帳の役割を果たしています。つまり、支払いは事実上センターで管理されていて、オフライン支払いや転々流通の機能は持っていないことになります。また、センターはICカードの所有者の情報を個別に持っているため、支払いに関するプライバシーも、センターに対しては保たれていないことになります。一方で、デジタル署名よりはるかに高速処理が可能な暗号アルゴリズムを使うことによって、高速処理を実現していることになります。

　このような電子マネーは、法律的にはプリペイドカードと同じ扱いをされることになっています。つまり、電子マネーの発行主体は、発行した金額分の現金を引き当てておく必要があり、支払いと決済が正しく滞りなく完了することを保証する必要があります。その意味で、このような電子マネーは、発行主体の信頼に依存した、極めて中央集権的で、利便性の高いプリペイドカードということができます。

## ブロックチェーンを使った電子的支払いの特徴

　ビットコインは、これまでに説明したような電子現金や電子マネーの歴史を踏まえて、より理想的な支払い手段を実現するために作られたといってよいでしょう。初期

電子マネー 5-1

の電子現金が目指したように、オフライン支払いや転々流通に相当する機能を提供しており、匿名性についても一定程度実現しています。その上で、Satoshi Nakamotoによるビットコインの論文には、「ビットコインは二重使用が起きない支払い手段を、信頼できる第三者機関なしに実現する技術である」ということが書かれています。つまり、ビットコインの一番の特徴は、電子的支払いが信頼できる第三者機関なしに実現できるところであるといえます。2000年代の電子マネーでは、発行主体が中央集権的に全体の仕組みを提供することになっていて、1990年代の電子現金においても中央銀行のような電子現金データの発行主体が存在することが前提でした。それに比べてビットコインでは、そのような信頼できる第三者機関なしに、セキュアで二重使用がなく、プライバシーを保てる支払い手段が実現できているところが、大きな違いになります。

**5**

従来技術とブロックチェーン

## 5-2 データベース

### ブロックチェーンとデータベース

　ブロックチェーンは、データを管理するという点でデータベース（特に分散してデータを管理することから分散データベース）として分類されることがあります。しかし、一口にデータベースといっても、利用目的に応じてさまざまな特性を持った実装があり、ブロックチェーンがデータベースと呼ばれるものをすべて置き換えることができるものではありません。

　ここでは、まずブロックチェーンの一般的なデータベースとは異なる特性を整理します。そして、データベースと組み合わせた運用の可能性について述べます。なお、ここではブロックチェーンとしてイーサリアム、Hyperledger Fabricを代表例にします。また、データベースの中にもさまざまなものがありますが、ここでは「データベース」として最も一般的に利用されているであろう、リレーショナルモデルの汎用的なデータベースサーバを代表例にします。これはオープンソースソフトウェアであればMySQLやPostgreSQLなどが該当します。

### 障害モデル（合意形成、ファイナリティ）

　ブロックチェーンの特性の1つに、ビザンチン障害耐性を持つことが挙げられることがあります。ビザンチン障害とは、一般的に「障害」といわれるような単に応答を停止する（クラッシュ障害）だけではなく、正しくない応答を返すことも含む障害です。これには悪意持った者に乗っ取られて不正な応答をするような状況も含まれます。データベースでは一般的にはクラッシュ障害への耐性にとどまり、ビザンチン障害への耐性までは備えていません。

　障害モデルの違いにより利用される合意形成アルゴリズムが異なります。分散データベースではビザンチン障害を考慮しないPaxosやRaftといったアルゴリズムが用い

られます。一方で、ブロックチェーンではビザンチン障害を考慮したProof of Workや PBFT（Practical Byzantine Fault Tolerance）といったアルゴリズムが用いられます。 イーサリアムはProof of Workを採用しています。Hyperledger Fabricはバージョン 0.6ではPBFTを採用していましたが、バージョン1.0ではアーキテクチャが大きく変 更され、PBFTは利用されずビザンチン障害への耐性はありません。

　ビザンチン障害への耐性を備えるためには、クラッシュ障害への対策以上の処理が 必要です。したがって、ビザンチン障害耐性を備えたアルゴリズムは、クラッシュ障 害のみへの耐性を持つ分散データベースと比較して処理コストは高くなり、性能は低 い傾向にあります。

　なお、Proof of Workではその原理上、二度と覆らないことが保証された合意は得ら れません。時間の経過とともに覆る確率は小さくなりますが、ゼロになる保証はあり ません。このことを**ファイナリティがない**といいます。Proof of Workを使用するブ ロックチェーンを利用する際には、ファイナリティがないことを許容できるかの考慮 が必要です。

## データモデル

　本書でいうデータベースでは表（テーブル）を用いてデータを管理します。以下の図 に顧客データを格納している例を示します。この例では1行が1人の顧客のデータで あり、「ID」や「氏」、「名」などの列にその名前に対応する属性の値が格納されていま す。

### リレーショナルデータベースのデータ構造

一方で、イーサリアムやHyperledger Fabricにおいてスマートコントラクト（チェーンコード）のプログラムからデータを格納するために用いられる領域（「ステート」などと呼ばれます）は表形式ではありません。なお、ブロックチェーンはその名前のとおり、ブロックを連ねてデータを記録していくものですが、ここではより抽象化された階層である、スマートコントラクトのプログラムがデータを見るときの表現形式を対象にしていることに注意してください。この表現形式はブロックチェーンプラットフォームによって適切な構造でブロックチェーン上に書き込まれ、管理されます。

　イーサリアムではスマートコントラクトのコードで定義した変数をそのまま格納することができます。これは整数値などのプリミティブなデータに限らず、マッピング（一般的なプログラミング言語でマップや辞書と呼ばれるような構造で、複数の値をキーに関連付けて管理するもの）も格納することができます。一般的なプログラムでリレーショナルデータベースを利用する場合のように、プログラミング言語が提供するデータモデルと表形式との対応関係（例えばオブジェクト指向ならO/Rマッピング、Object-Relational Mapping）を開発者が管理する必要はありません。

### イーサリアムにおけるデータの格納構造

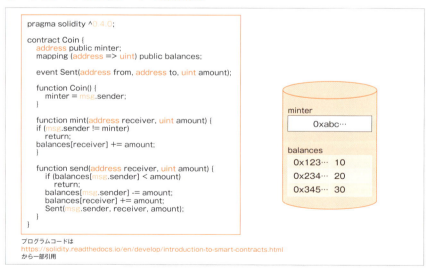

　Hyperledger Fabricではキー・バリュー形式のデータ格納領域が提供されています。キー・バリュー形式はイーサリアムのマッピングに類似したもので、任意のデータを一意のキーと呼ばれる値に関連付けて格納します。リレーショナルデータベースのよ

うに列などの構造はないため、バリュー部の構造は開発者が意識しなければなりません。すなわち、例えばバリュー部は「,」で区切った文字列とし、最初が氏、次が名である、ということを開発者が設計し、またそのデータを読み書きする処理を実装しなければならないことを意味します。キー・バリュー形式では、リレーショナルデータベースと比較して格納するデータの自由度は高い反面、アプリケーション側でデータ構造の設計とそれを意識した読み書きの処理の実装が必要となります。

### Hyperledger Fabric におけるデータの格納構造

プログラムコードは
https://github.com/hyperledger/fabric-samples/blob/release/balance-transfer/artifacts/src/github.com/example_cc/example_cc.go
から一部引用

## 問合せ

リレーショナルデータベースでは、一般にSQLと呼ばれる標準化された問合せ言語を用いてデータの操作を行います。SQLには、表のうち一部の列のデータだけを参照したり、条件を満たす行を検索したり、複数の表の結合（ジョイン）して参照したり、整列や集計といった操作も用意されています。SQLを学ぶことにより多くのリレーショナルデータベースで同じようにデータの操作が可能です。また、SQLは宣言的であり、どのような出力を得たいかを記述すればよく、出力を得る手続きを開発者が意識しなくてもよい形式であることが特徴です。

イーサリアムやHyperledger FabricではSQLは提供されず、データ操作はスマートコントラクト（チェーンコード）のプログラム内で開発者が記述する必要があります。また、ブロックチェーンプラットフォームにおけるデータの操作方法に統一されたものはなく、プラットフォームごとに独自の方法を習得する必要があります。

## スケーラビリティ

　分散データベースは処理、データを複数のノードで分担することで、1ノードの処理能力を超えたシステムを構築するものです。データを分割して複数のノードに分散させることをシャーディングといいます。これは、例えばシステムを2台のノードで構成し、1年のデータのうち1月から6月の分を1台目のノードに、7月から12月の分を2台目のノードに分けて管理させるようなことを指します。要求される処理もデータに合わせて分散できる理想的な状況（例えば1カ月単位の集計処理は行うが、1年間の集計処理は行わないなど、複数のノードにまたがる処理がなく、2台のノードに均等に負荷が発生する）では、ノードを増やした分だけシステムの性能を高めることが可能です。

　現時点でイーサリアムやHyperledger Fabricではデータのシャーディングはサポートされていません。ネットワーク中には多数のノードが存在しますが、いずれもシステムのすべてデータを管理しています。すなわち、データのシャーディング（分割）ではなくレプリケーション（複製）です。したがって、各ノードはネットワーク中のデータのすべてを格納できる必要があります。また、ノードを追加してもシステムが対応可能なデータ容量は増加しないので、格納容量に対するスケーラビリティはないといえます。

分散データベースにおけるシャーディングとブロックチェーンのレプリケーション

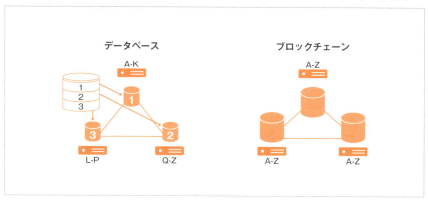

データベース 5-2

## 性能

　性能の指標としてさまざまなものが考えられますが、レスポンスタイムとスループットが用いられることが一般的です。データベースはその利用目的によってトランザクション処理（OLTP、Online Transaction Processing）向けと分析処理（OLAP、Online Analytical Processing）向けに分類することがあります。トランザクション処理は基本的には全体のうちのごく少量のデータを更新するもので、ワークロードにもよりますが、レスポンスタイム（入力から返答までの時間）としてミリ秒、スループット（一定時間内に処理できる量）は毎秒数千や数万という桁のトランザクションを処理することが求められます。一方、分析処理は大量のデータを読み出して集計処理を行うもので、トランザクション処理ほどのレスポンスタイムは求められないものの、表の結合や集計が複雑に組み合わせられた問合せを処理することが要求されます。

　ブロックチェーンは現在のところ、暗号通貨の入出金の記録など、データベースでいえばトランザクション処理が主です。イーサリアム、Hyperledger Fabricとも（より簡単なトランザクションで）レスポンスタイムは秒オーダー、スループットは毎秒数十から数千トランザクションといわれています。ブロックチェーンにおける性能改善は数多く取り組まれていますが、現在のところ、データベースと同等の性能を得ることはできていません。

データベースとブロックチェーンの性能

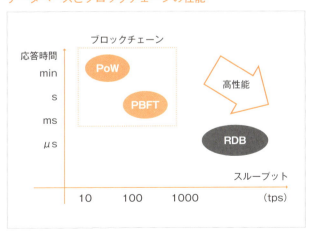

# ブロックチェーンとデータベースの相互運用

ここまで既存のデータベースの視点からブロックチェーンを見てきました。次にブロックチェーンに独特の機能や特性を挙げます。

- ビザンチン故障に対する耐性（ただしこれを持たないブロックチェーンもある）
- システム管理者の特権の悪用の抑止
- 履歴データの管理に適した構造
- データの改ざんを防ぐために適した構造
- スマートコントラクト

もちろん、これらの機能を従来のデータベースを使って作り込むことも可能です。しかし、ブロックチェーンプラットフォームが提供するような上記の機能や特性がユースケースと適合するのであれば、ブロックチェーンプラットフォームを活用できる可能性があります。

多くの場合、ブロックチェーンでシステムを新たに構築するとしても、すでにデータベースで管理しているデータとの連携が求められると思われます。また、そうでなくても、すでに述べたような特性や、ブロックチェーンがそれ自体に多くの情報を蓄積するようなことは適していないことから、データベースとの連携を検討する必要があるでしょう。この場合、ブロックチェーンでは上記の特性が必要なデータのメタデータだけを管理し、データそのものの格納にはデータベースを利用するなどの組み合わせが考えられます。

ブロックチェーンと分散データベースの両者の特性は現在のところ完全に両立できるものではありません。それぞれの設計思想を踏まえながら、ユースケースに応じて実装を選択することになります。

# データベース 5-2

## COLUMN モデルの配置から見たブロックチェーンとの比較

2-2節で説明したブロックチェーンの各モデル（役割）の視点から、ブロックチェーンとデータベースを比較してみましょう。

次の図はブロックチェーンにおける役割の配置を示したものです。2-2節のコラムにあるように、ブロックチェーンにおいてはルールは一組織によって運用されるものではありません。複数の組織がそれぞれ台帳保持者、台帳登録者の役割を運用し、あらかじめ運用者間で合意したルールをもとに各自が独立してデータを処理します。

### ブロックチェーンにおける役割の配置

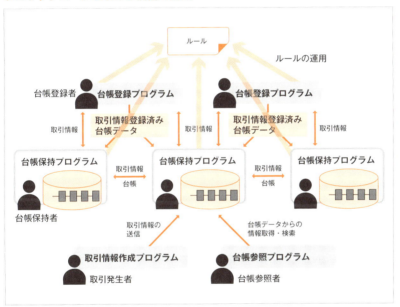

一方で、一般的にデータベースでは「台帳保持者」と「台帳登録者」の役割は分離されておらず、一体です。また、「ルール」はある特定の管理者によって運用されます。次のデータベースにおける役割の配置の図で、台帳保持者および登録の役割が1つの主体によって行われていることに注目してください。この点がブロックチェーンとデータベースの違いといえるでしょう。

### データベースにおける役割の配置

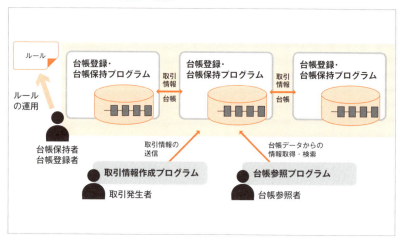

　データベースにおいても多くの場合ルールの策定は関係者の協議によって行われますが、各処理に対してそのルールを適用するのは管理者となる1つの主体です。取引発生者や台帳参照者はここでルールどおりに処理が行われることを信頼してシステムを利用することになります。

# PKIとデジタル署名

## PKIとブロックチェーン

　ブロックチェーンの活用場面に関する議論を眺めると、スマートコントラクトのような電子的な媒体による契約（電子契約）やデジタルデータに基づいた公証、サプライチェーンマネジメントなどを想定した、デジタルデータのトレーサビリティなどのような話題を目にすることがあります。ブロックチェーンが登場する以前にもさまざまな分野において、このようなデジタルデータを中心とした社会基盤の整備に関する議論がなされてきました。その1つに **PKI (Public Key Infrastructure)** と呼ばれる、公開鍵暗号に関わる技術と運用の基盤があります。

　PKIは仕様が標準化されています。関連する仕様や文書はさまざまありますが、代表的なものとして、次の2つが挙げられます。

- **ITU-T Recommendation X.509: Information Technology - Open Systems Interconnection - The Directory: Authentication Framework**
- **IETF RFC 5280: Internet X.509 Public Key Infrastructure Certificate and Certificate Revocation List (CRL) Profile**（注：**RFC 6818** でアップデートされています）

　PKIがもたらす技術は、Webサイトの存在証明やWi-Fiアクセスのためのデバイス認証など、インターネットの利用場面でも身近に用いられています。また、デジタル署名を用いた電子契約や電子入札などに活用されたり、日本のマイナンバーカードでも利用可能であったりするように、オンラインでの本人確認手段としても活用されています。ブロックチェーンのデジタル署名も公開鍵暗号の応用であることから、ブロックチェーンの議論の中で過去の議論を参照したり比較したりするためにPKIの話題を耳にすることもあるかもしれません。また、ブロックチェーンのソフトウェアの中に

は、Hyperledger Fabric 1.0のようにPKIの要素を取り入れたものもあります。このように、直接的にしろ間接的にしろ、PKIは深くブロックチェーンと関連する点があり、PKIについても理解しておくことはブロックチェーンについて考える上でも役に立つと考えられます。ただし、ブロックチェーンとPKIは、根本的に異なる点もあるので注意も必要です。この節ではPKIの概要を簡潔に述べ、ブロックチェーンとの関連性と相違について整理します。

## 認証局の役割

お互いに直接顔を合わせるわけではないネットワーク上で大切な価値や意味のあるデジタルデータをやり取りすることを考えたとき、データを送受する相手が実際に自分の期待した相手のとおりであるかどうか（例えば、どこかで別の何者かによってなりすまされていないか等）という悩みはつきまといます。ブロックチェーンにおいても取引情報にデジタル署名を付与しますが、そのデジタル署名に用いる秘密鍵を持つ人は実際には誰なのでしょうか？　本当に取引の相手と期待している人によって所持され使われているでしょうか？　これはブロックチェーンに限らず公開鍵暗号を用いた仕組み共通の課題といえます。

### PKIの認証局による公開鍵証明書発行

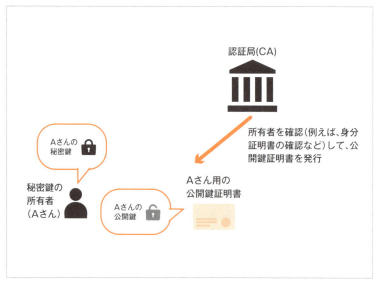

PKIでは公開鍵暗号の秘密鍵（とペアとなる公開鍵）と、その秘密鍵を使用する人や組織やモノとの間の対応付けを行う第三者機関である認証局（CA: Certification Authority）が登場します。信頼される第三者機関（TTP: Trusted Third Party）とも呼ばれることがあります。第三者という名のとおり、通常はデジタルデータの取引や通信のやり取りを行う当事者たちとは別の組織や管理者が運用するものとなります。公開鍵証明書は、公開鍵のデータ、発行元である認証局を識別する名称、発行先の対象を識別する名称（例えばユーザ名やデバイスID、組織名など）、公開鍵証明書の有効期限などが記載されたデジタルデータです。また、発行した認証局によるデジタル署名も付与されますので、他の者が改ざんすることもできませんし、その認証局自身も一度発行した公開鍵証明書の内容を変更することはできません（求めに応じて新たに公開鍵証明書を発行し直すことはできます）。

### 認証局の公開鍵証明書

　公開鍵証明書には認証局のデジタル署名を付与するので、その署名のための秘密鍵を認証局が安全に管理して持つことになります。認証局の秘密鍵についても、その秘密鍵がその認証局のものであることを証明するために、認証局も自身の公開鍵証明書を有します。

## 公開鍵証明書の使用例

　では、この公開鍵証明書がどのように使われるかを次の例で見てみましょう。この例ではデータの送信者が取引情報のデータにデジタル署名を付けて受信者に送ります。まず前提として、送信者の公開鍵証明書を発行した認証局を受信者も信頼しているとします。そして、受信者もあらかじめ、その認証局自身の公開鍵証明書を持っているとします。公開鍵証明書を用いたデジタル署名の送受は次のようなフローとなります。

❶デジタル署名を生成する

　データの送信者が自身の秘密鍵（署名鍵）で取引情報のデータからデジタル署名を生成します。デジタル署名の生成は、第3章のコラムのように行います。

❷取引データ、デジタル署名、公開鍵証明書を送付する

　データの送信者は取引情報のデータ、デジタル署名、自身に発行された公開鍵証明書（❶の秘密鍵と対になるもの）を受信者に送ります。

### PKIのデジタル署名の生成と送付

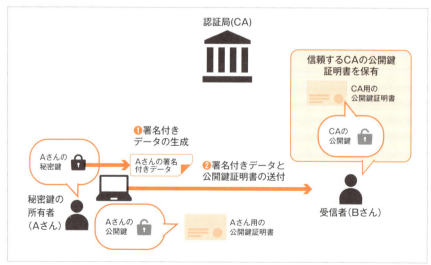

### ❸デジタル署名を検証する

データの受信者は❷の公開鍵証明書から公開鍵のデータを取り出し、その公開鍵と取引情報データを元にデジタル署名の検証を行います。デジタル署名の検証は第3章のコラムのように行います。

### ❹公開鍵証明書を検証する

受信者はデジタル署名の検証に成功したら、今度は公開鍵証明書が正しい認証局から発行されているかどうかを確認します。受信者があらかじめ保有する認証局自身の公開鍵証明書に含まれている公開鍵で、データ送信者の公開鍵証明書に含まれている認証局からのデジタル署名を検証します。このデジタル署名の検証によってデータ送信者の公開鍵証明書に改ざんがないことが検証されれば、正しい認証局から発行されていると判断できます。

#### PKIのデジタル署名および公開鍵証明書の検証

**❺公開鍵証明書が条件を満たしたものか確認する**

　受信者はさらに、データ送信者の公開鍵証明書がさまざまな条件に満たされている
かどうかを確認します。具体的にどのような条件になるかはアプリケーションやデー
タ受信者が要望する要件によって異なりますが、例えば、データを受信した時点で、
公開鍵証明書が有効期限内にあるかどうか、失効されていないか（失効については後
述します）を確認することが考えられます。❸～❺の検証が成功すれば、取引情報デー
タが確かにデータ送信者から送られてきたものであると判断ができます。

## PKIの特徴

　上記の公開鍵証明書の使用例において、強調や補足しておくべきポイントがありま
す。

### ◉ 単独のデジタル署名検証との違いや関係

　繰り返しになりますが、第3章のコラムで説明したデジタル署名の検証では、そも
そもの署名鍵の持ち主が誰かについては確認していません。そのデジタル署名は、署
名鍵を持った者が確かに作ったものだと確認しているのみです。上述のフローにおけ
る❸の検証がこれにあたります。PKIの場合は、❹と❺のように公開鍵証明書の検証が
追加されていることがポイントです。この公開鍵証明書の検証によって、その署名鍵
の持ち主の存在を確認することになります。

### ◉ 第三者機関（認証局）を信頼するモデル

　上述のフローの❷において、データ送信者は取引情報とデジタル署名とともに、自
身の公開鍵証明書も送信しています。別の方法として、データ送信者が事前に公開鍵
証明書を受信者に配布しておいたり、受信者が共有のファイルサーバなどから取得し
たりするといった方法などもあり得ます。いずれにせよ、受信者は送信者の公開鍵証
明書を手にするわけですが、それをそのまま信頼するわけではありません。その公開
鍵証明書が信頼できる認証局から発行されているという事実が、受け入れる根拠にな
ります。認証局を信頼し、公開鍵証明書を検証できることによって、公開鍵とそれに
対応する秘密鍵の持ち主が確かにその人（あるいはデバイス、サーバ、組織など）であ
ることを信頼するという構図になります。

#### 第三者機関の信頼モデル

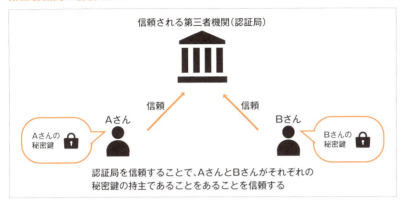

## ◉ 証明書の失効について

　秘密鍵は安全に管理する必要がありますが、不注意や不測の事態によって秘密鍵の所有者が鍵を何者かに盗まれてしまったり、鍵が格納されたICカードなどの媒体を紛失してしまったりという事態も考えられます。鍵の漏えいが発覚した場合や、その疑いがある場合には、認証局にその鍵の失効手続きを行うことができます。認証局は失効申請の確認（鍵所有者の本人からの申請であるかの確認など）を行い、該当する公開鍵証明書の失効手続きを行います。認証局は、失効された公開鍵証明書の一覧（失効リストと呼ばれるデジタルデータ）を公開する等によって公開鍵証明書の失効に関する情報を提供します。公開鍵証明書の検証者は失効リストで失効が確認された場合には、その公開鍵証明書の受け入れを拒否します。失効手続きを行う動機としては、上述した鍵の漏えいなど以外にも、公開鍵証明書に記された資格（例えば、医師資格など）の喪失や、社員向けに発行した公開鍵証明書を退職時に使用停止にするなどがあります。

## ◉ 認証局のバリエーション

　後述しますが、公開鍵証明書はさまざまな用途や対象に対して発行されます。このような公開鍵証明書の違いや管理主体の方針の違いなどにより、認証局の運用方法も異なることがあります（例えば、証明書発行対象の確認方法など）。用途や運用方法などの違いによってさまざまな認証局が運用されることになります（実際に多数の認証局が運用されています）。前述の例ではデータ送信者とデータ受信者が同じ1つの認証

局を利用する簡単な例でしたが、データ送信者が利用する認証局とデータ受信者が信頼する認証局が異なる場合もあり得ます。複数の認証局が存在する場合には、認証局間が互いに相手に対して公開鍵証明書を発行しあうような相互認証のモデルや、複数の信頼できる認証局をリスト化したトラストリストなどさまざまなモデルがあります。

## 公開鍵証明書の用途

　これまでの例はブロックチェーンとの共通点からデジタル署名を中心に説明を行いましたが、公開鍵暗号で実現できることはデジタル署名だけではありません。秘匿のための暗号化ができるものもあります（例：RSA）。公開鍵証明書もデジタル署名や暗号化に用いられる鍵が対象になります。また、公開鍵証明書で鍵の利用目的を明示することで、鍵の使用をその用途だけに限定することができます。公開鍵証明書の用途としては次のようなものがあります。

### ◉ 暗号化（秘匿用途）

　公開鍵をデータの暗号化に用います。公開鍵暗号方式で暗号化する場合には公開鍵を用います（デジタル署名とは逆です）。公開鍵によって暗号化されたデータは、対となる秘密鍵でなければ復号することはできません。公開鍵暗号方式による暗号化と復号は共通鍵方式に比べ処理が重い傾向があり、データ通信の暗号化などでは共通鍵が用いられることが多いです。暗号化通信に用いる共通鍵を事前に公開鍵暗号方式で暗号化して相手と共有するといった方法もあります。

### ◉ 認証用途のデジタル署名

　サーバとクライアント端末、ユーザやデバイスなどを認証するために用いられます。例えば、SSL/TLS通信があります。認証される対象の存在や、その対象の管理者の存在を確認したうえで、公開鍵証明書が発行されます。例えば、対象がWebサイトの場合には、その公開鍵証明書（SSL/TLS証明書）はWebサイトのドメインの管理者の存在を確認し発行されます。認証される対象がデータ（認証する側が送付した乱数や、認証する側と共有しているデータなど）にデジタル署名を行い、認証する側（確認する側）がそのデジタル署名とその対象の公開鍵証明書の検証を行います。

### ◉ コード署名

悪意のあるコードを埋め込むなど不正に書き換えられたソフトウェアの実行を防ぐために用いられます。ソフトウェアの開発元や販売元、配布元（例えばOSベンダーやソフトウェアのマーケットプレイスを管理する事業者）などがソフトウェアのコードにデジタル署名を付与します。OSやミドルウェア上でソフトウェアが実行される前にコード署名が検証されます。検証の結果、ソフトウェアの改ざんが検知された場合には、そのソフトウェアの実行を拒絶します。

### ◉ タイムスタンプ局が発行するタイムスタンプトークン

タイムスタンプ局がタイムスタンプトークンと呼ばれる時刻証明データを作成する際に、そのタイムスタンプ局のデジタル署名を付与します。タイムスタンプトークンは上記のコード署名や次に述べる否認防止用途のデジタル署名と組み合わせて用いられることもあります。タイムスタンプについては5-4で紹介していますので参照してください。

### ◉ 否認防止目的のデジタル署名

認証や暗号以外にも否認防止を目的としたデジタル署名にも利用されます。例えば、契約書へのデジタル署名などです。デジタル署名の生成や検証のメカニズムは認証用途のデジタル署名とほぼ同じですが、否認防止用途と認証用途に用いられる署名鍵は使い分けられ、署名鍵に対応する公開鍵証明書も使用目的の記載によって両者を区別できるようになっています。否認防止目的のデジタル署名は理解が難しい面もありますので、詳細は120ページのコラム「デジタル署名と契約書」を参考にしてください。

## ブロックチェーンとの関係性

これまで述べたPKIに関連した要素によってブロックチェーンの仕組みを補いながらシステムを構築することや、PKIの仕組みをヒントにブロックチェーンの仕組み自体を検討することも考えられるでしょう。ただし、PKIとブロックチェーンはその成り立ちから考え方、仕組みが異なりますのでその差異について知っておく必要があります。

## ◉ PKI とブロックチェーンは設計思想が違う

PKIは信頼される第三者機関を前提としたモデルでありますが、ブロックチェーンでは特定の管理者や機関にはよらず複数の者が協調することで成立するモデルです。特にパーミッションレスではその傾向が強いでしょう。

また、PKIは秘密鍵と公開鍵のペアを有する者（人、サーバ、組織、デバイス等）の存在をどのように確認したらよいかという問題に取り組んでいます。この問題の解決方法として公開証明書発行の仕組みがX.509という規格として提案され、先に述べたような応用方法ごとに別の規格が作られるといった構図をとっています。例えば、認証と暗号化通信を行うTLS（Transport Layer Security）などの通信プロトコルや、電子メールの暗号化や送信者認証を行うS/MIME（Secure/Multipurpose Internet Mail Extensions）などの規格があります。これらの応用規格は公開鍵証明書発行の仕組みとは独立したものでありますが、公開鍵証明書の利用を前提としたメカニズムとなっています。

一方で、ブロックチェーンが取り組んでいる問題は上記のようなPKI（X.509の公開鍵証明書発行の仕組み）とは別の問題に取り組んでいるともいえます。ブロックチェーンの主眼は秘密鍵と公開鍵のペアを有する者は誰かという問題はさておき、むしろ、それ以降の処理の流れ（取引情報にデジタル署名が付された後各ノードに送信され承認されていく過程）をどうするかという点が強い傾向にあります。特にパーミッションレスではその傾向が強いでしょう。その理由の1つは、特定の機関による管理を望まないパーミッションレスのモデルでは秘密鍵と公開鍵のペアを所有している者を証明してくれる機関の存在は前提として置きにくいからです。この前提の違いは、PKIの設計に組み込まれていた失効処理がブロックチェーン（特にパーミッションレス）では組み込みにくいということにもつながります（失効手続きの面倒を見てくれる機関がいませんので）。

## ◉ ブロックチェーンへの適用を考える場合には

ブロックチェーンすべてに当てはまる話とは限りませんが、ブロックチェーンの内部の仕組みとしては単に公開鍵（やアドレス）によってのみ識別され、それが実際に誰かのものかは分かりません。実際の誰なのかを確認したい場合には、ブロックチェーンを活用する外部の仕組みで構築する必要があると考えた方がよいでしょう。そして、その仕組みとしてPKI（あるいは類似の仕組み）の適用を検討するかもしれません。

その場合には、次の点に注意が必要です。

まず1点目は、ブロックチェーンの内部の処理で行うべき機能は、ブロックチェーン外側の仕組みでは補えないことがあるという点です。例えば、前述した失効処理がそれに当たります。ブロックチェーンの外側のシステムやアプリケーションの機能としてPKIを導入し、ブロックチェーンの取引情報に用いる秘密鍵と公開鍵ペアに公開鍵証明書を発行したとします。万が一、秘密鍵が漏えいしてしまったとして、その利用を停止するために公開鍵証明書について失効処理を行ったとしても、それはあくまでもブロックチェーンの外側のアプリケーション上での処理となります。この失効処理によって、ブロックチェーンの内部で処理される取引情報の実行を停止することはできません（例えば、ビットコインやイーサリアムを想像してみてください）。ブロックチェーンの内部で取引情報の実行を停止させたいのであれば、そのブロックチェーンの仕組みそのものが失効処理を引き金に取引情報の実行を停止できるようになっていなければなりません。そのような処理を実現したい場合にはブロックチェーンの仕組みそのものを改変し、他のノードにもその仕組みを採用してもらう必要があります。

2点目は、繰り返し述べてきたとおりPKIは第三者機関である認証局を前提にしたモデルですので、認証局を運用する組織や機能を提供するサーバが単一であった場合に障害点になり得るかどうか考慮に入れる必要があります。ブロックチェーンを導入する目的には、冗長化による可用性や、何らかの権限を分散化する目的があるでしょう。ブロックチェーンの各ノードは稼働しているにも関わらず、特定の機関やサーバが機能不全に陥ったことによって、アプリケーションやシステム全体が停止してしまっては意味をなさなくなってしまいます。そのような事態も想定しつつ、第三者機関が提供する機能の設計や配置、運用方法などを検討する必要があるでしょう。また、場合によっては複数の機関や管理者によって提供する等の方法も含め検討することになるかもしれません。

その他の適用方法としては、ブロックチェーンの各ノードの認証や認可に用いることも考えられます。これについても先ほどの注意点と同様です。ブロックチェーンのソフトウェア自体が対応する必要もあるでしょう。実際に、Hyperledger Fabric 1.0のように対応したものもあるようです。ただし、先ほどの2点目の注意点と同様に導入時の設計には配慮が必要かと思われます。

ブロックチェーンと連携するシステムやアプリケーションではさまざまな用途が考えらえます。システムやアプリケーションに接続するユーザやデバイスの認証に用い

ることもあるでしょう。また、例えば、第4章のスマートコントラクトで解説したような外部システムとの連携において、外部システムのサーバの認証やデータの認証などで活用するという形態も考えられるでしょう。

## COLUMN デジタル署名と契約書

　認証用途のデジタル署名では、デジタル署名を含めた一連の認証処理はソフトウェアやハードウェアによって機械的に行われます。利用するユーザ（人）が一連の認証処理の流れを眺め、どのようなデータに対してデジタル署名が生成されたかを意識するような場面はほぼありません。一方、契約書のデジタルデータにデジタル署名を付す場面を考えてみましょう。この場合のデジタル署名の意味は、先ほどの認証の例とは異なり、利用者が契約書の内容を確認し、その内容に合意した証としての意味になります。ちょうど紙文書における手書きのサインや押印に例えられるでしょう。

　このようにデジタルデータの内容に関する意思表明として付与するデジタル署名は否認防止（英文では Non Repudiation や Content Commitment などと呼ばれます）の用途と呼ばれ、認証用途とは区別されます。デジタル署名の生成と検証の処理だけを見ると、否認防止も認証用途も同じです。ではなぜ、両者を区別する必要があるのでしょうか？ 認証用途のデジタル署名で説明したように、認証処理の中でデジタル署名の対象となるデジタルデータは、機械的に生成される乱数などの意味を持たないデータです。例えば、サーバがクライアントを認証しようとしたとき、サーバから送られてきた乱数に対して、クライアントが（ユーザが意識せず自動的に）デジタル署名を付与してサーバに返します。サーバはクライアントから返されたデジタル署名が確かに自身が送った乱数に対するものであることを確認することでクライアントを認証します。このようにサーバとクライアントの間の処理はユーザ（人）がデジタル署名の対象が何であるか（どんな乱数であったか等）をいちいち意識することなく進められます。この処理の過程で、乱数と称して契約書など意味のあるデジタルデータ（のハッシュ値）を混在させられたとしたらどうでしょう？ そのデジタルデータもユーザの意思とは関係なく機械的に処理され、デジタル署名が付与されてしまうことでしょう。そして、そこで付与されたデジタル署名はあたかも利用者が契約書に合意した証のように見えてしまうことでしょう。このような事態を避けるために公開鍵証明書では、デジタル署名の利用する目的が認証であるか否認防止であるかを明確に分けるようになっています。デジタル署名を受け取り検証する者（例えば、相手がサインした契約書を受け取る側）も公開鍵証明書の区別によって、相手の合意のもとで署名されたものであるかどうか判断することができます。ちなみに、日本のマイナンバーカードにおいても、認証用途と署名用途（否認防止用途）で別々の公開鍵証明書（と署名鍵）が格納されるようになっており、両者の誤用を防ぐような対策がされています。

PKIとデジタル署名 5-3

　また、上記の公開鍵証明書の違いに加え、認証用途のデジタル署名は認証の処理が終了すれば目的は達せられるため破棄してよいデータであるのに対し、否認防止用途のデジタル署名はある期間中は保存が必要となる点も異なります。例えば、法制度上で保存期間が定められた文書のデジタルデータ（例えば税務関係書類など）であったり、民事訴訟などに備えて保存が必要な契約書などのデジタルデータであったりすることが考えられます。このようにデータの種類や性質に応じて保存期間が生じ、その期間は安全に維持する必要があります。

　否認防止目的のデジタル署名は技術の話に閉じたものではなく、法制度や業務上のリスクなど技術以外の分野にも関係するものともいえます。その意味において、この否認防止目的の考え方は、ブロックチェーンにおけるスマートコントラクトを考えるうえでの示唆も含まれているようにも思えます。スマートコントラクトに付与されるデジタル署名にはどのような働きがあるでしょうか？スマートコントラクトのプログラムを作成してブロックチェーン上に配置する場面では、スマートコントラクトに対するコード署名のように見えます。あるいは、スマートコントラクトを実行するときの実行者を確認するという面では認証のようにも見えますし、Nick Szabo 氏のスマートコントラクトのような実際の契約に近い形態の処理を考えるとすると、否認防止のようにも見えてきます。これにはさまざまな解釈や議論がありそうです。スマートコントラクトの適用場面を検討したり、設計するような場合には、その利用場面におけるスマートコントラクトの意味について考える必要が出てくるかもしれません。そのような場合に、認証や否認防止のような考え方をヒントに、どの行為がどのような役割を持つのかその意味を考察してみるのもよさそうです。

**5**

従来技術とブロックチェーン

# 5-4 タイムスタンプ技術

## タイムスタンプ技術とは

　86ページのコラム「時刻とブロックチェーン」において、ブロックチェーンの特徴は時刻の正確さというよりも取引情報の順序関係の維持にあることを述べました。ここでは、デジタルデータの存在時刻の証明を行うタイムスタンプ技術を簡単に紹介します。このタイムスタンプ技術はブロックチェーンの登場以前（1990年代）より存在する技術でありますが、ブロックチェーンとの類似点や相違点を理解しておくことで、ブロックチェーンの議論をより深めることができると期待します。

　タイムスタンプ技術を簡単に表現すると、タイムスタンプ局（TSA: Time-Stamping Authority）と呼ばれる第三者機関が、利用者が持つデジタルデータがある時刻以前に存在したことを証明する技術です。

### タイムスタンプの概念

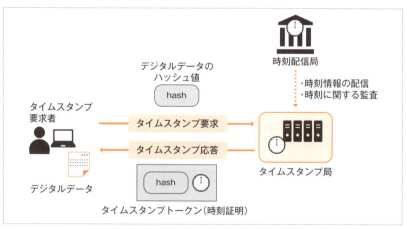

　上の図はタイムスタンプ技術の概念を示したものです。この図のように、利用者は

タイムスタンプ技術 5-4

時刻を証明したいデジタルデータのハッシュ値をタイムスタンプ局に送信します。タイムスタンプ局は受理したデジタルデータのハッシュ値に対して、時刻証明となるデータを添付して利用者に送り返します。時刻はタイムスタンプ局の時計を基準に測られますので、タイムスタンプ局の時計がずれていないことが重要です。そこで、タイムスタンプ局の時刻のずれを検証する時刻配信局（TAA: Time Assessment Authority）という、また別の機関も登場します。時刻配信局は標準時刻（例えば、日本の情報通信研究機構（NICT）が配信する日本標準時など）と同期し、その時刻とタイムスタンプ局の時刻のずれが許容範囲にあるかどうかを一定周期で確認して、タイムスタンプ局との時刻同期を行います。タイムスタンプ局と時刻配信局の役割は混同されがちですが、利用者のデータに対する存在時刻証明はタイムスタンプ局が担い、その時刻の正確さを担保する役割を時刻配信局が担うことになります。

## タイムスタンプ技術の実現方法

　タイムスタンプ技術の実現方法は大きく分けて次の種類が存在します。リンキングタイムスタンプと呼ばれる、ハッシュ値のリンクを行うものと、タイムスタンプ局のデジタル署名を用いるものと、アーカイビング方式と呼ばれるものです。ここでは、リンキングタイムスタンプと、デジタル署名方式のタイムスタンプについて簡単に紹介します。

### ◉ リンキングタイムスタンプ

　リンキングタイムスタンプは利用者から送られてきたハッシュ値（タイムスタンプ対象となるデジタルデータのハッシュ値）を、別の利用者から送られてきたハッシュ値とかけ合わせて、そこからさらにハッシュ値を得るといったことを繰り返します。ISO/IEC 18014-3:2009 "Information technology -- Security techniques -- Time-stamping services -- Part 3: Mechanisms producing linked tokens" で標準化されている技術です。

　次の図はハッシュツリーを用いたリンキングタイムスタンプの例です。各利用者から送られてきたハッシュ値を元に一定周期で作成されます。ハッシュツリーの頂点は、1つ前の時点で作成されたハッシュツリーの頂点とかけ合わせられ、またハッシュ値が作成されます。

**5**

従来技術とブロックチェーン

### リンキングタイムスタンプ（ハッシュツリー方式）のイメージ

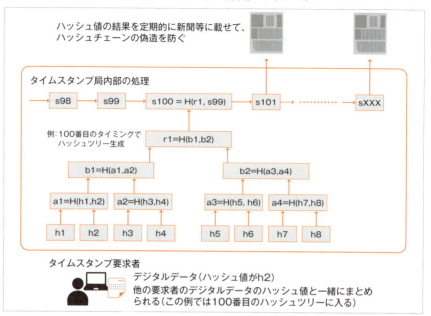

　この一連のハッシュ値の連鎖によって、後からハッシュ値を入れ替えることは困難ですし、また、ハッシュツリーとしてまとめられた時刻によって、対象となった利用者のデジタルデータが確かにその時刻において存在したことを証明することができるようになります。

　リンキングタイムスタンプに関する図やこれまでの説明は、まるでブロックチェーンの話のように見えるかもしれません。ハッシュ値を重ねていく処理によって改ざん耐性を持たせる仕組みは、ブロックチェーンと同様です。ただし、この一連のハッシュ値の連鎖はタイムスタンプ局という機関が作成し保管するものですので、仮にタイムスタンプ局が秘密裏にハッシュツリーとハッシュツリーの頂点の連鎖をそっくり入れ替えてしまうような事態があった場合には、その改ざん耐性を持った技術的な仕組みも意味をなさなくなってしまいます。そこで、タイムスタンプ局では、自身が勝手にハッシュ値の連鎖をまるごと入れ替えてしまうことができないように、ハッシュ値の連鎖の結果を定期的に新聞や官報などに載せるといったことを行います。タイムスタンプ局自身がコントロールできない場所にハッシュ値の連鎖の記録を置くことで改ざんできないようにするということです。対して、ビットコインのようなブロックチェー

ンの場合には、Proof of Workのように一連のハッシュ値の連鎖を作成することにハードルを設け、作成する処理自体を困難にすることによって、後から何者かがハッシュ値の連鎖を置き換えることを困難にしています。第三者機関を前提にしたリンキングタイムスタンプのモデルと、明確な管理者を置かずに複数の主体者で実行するブロックチェーンのモデルは、モデルの違いはあれどハッシュ値の連鎖を入れ代えられてしまうことの脅威は共通です。それぞれのモデルに合致した対策を施しているといえるでしょう。なお、余談になりますが、ビットコインの原典ともいえるSatoshi Nakamotoの論文「Bitcoin: A Peer-to-Peer Electronic Cash System」におけるProof of Workの解説において、新聞に告知するタイムスタンプサーバに言及しているものと思われる一文も見受けられます。

## ◉ デジタル署名を用いたタイムスタンプ

前節のPKIで説明したデジタル署名を応用したタイムスタンプ方式です。IETF RFC 3161 "Time-Stamp Protocol (TSP)" や ISO/IEC 18014-2:2009 "Information technology -- Security techniques -- Time-stamping services -- Part 2: Mechanisms producing independent tokens" で標準化されている技術です。

この仕組みはシンプルで、利用者からハッシュ値（タイムスタンプ対象となるデジタルデータのハッシュ値）が送られてくると、タイムスタンプ局が時刻情報を含めたタイムスタンプトークンにデジタル署名を施して利用者に送り返す、というものです。このデジタル署名はタイムスタンプ局（の機器ユニット）が所持する署名鍵（秘密鍵）によって自動的に行われます。このタイムスタンプ局や時刻配信局に対しては、前節で述べたように電子認証局から公開鍵証明書（TSA証明書と呼ばれます）が発行されます。このTSA証明書は署名鍵が正しくそのタイムスタンプ局のものであることを証明するものとなります。電子認証局はタイムスタンプ局が実在することを確認（例えばタイムスタンプ局を運営する事業者の確認など）したうえで、TSA証明書を発行します。

#### デジタル署名を用いたタイムスタンプのイメージ

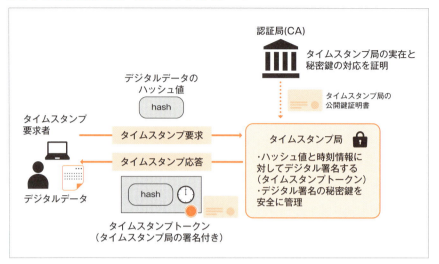

## ◉ タイムスタンプ技術とブロックチェーン

　タイムスタンプ技術もブロックチェーンも、求める時刻の正確さに違いはあるかもしれませんが、ある時（時刻や順序関係）において、利用者が作成したデジタルデータが確かに存在したことを示す機能を備えているという点では共通しています。これはタイムスタンプ技術もブロックチェーンのいずれも、デジタルデータへの改ざんと、デジタルデータに対する時刻あるいは順序関係の書き換えを困難にする技術であることに由来しています。ブロックチェーンに関する課題について検討する場合にもタイムスタンプ技術に関する議論が参考になる可能性があります。

　一方で、ブロックチェーンとの相違点としては、タイムスタンプ技術は前節のPKIの紹介と同様に信頼できる第三者機関を前提としたモデルであるということです。第三者機関となるタイムスタンプ局を前提とするため、タイムスタンプ局が有する時計を基準として時刻を扱い、その時刻を可能な限り正確に保とうとすることができるといえます。タイムスタンプ局や時刻配信局のような仕組みによって時刻情報を取り扱うことで、ブロックチェーン技術を補うことも考えられるかもしれませんが、前節のPKIで述べたことと同様に特定の第三者機関を前提とすることによって、ブロックチェーンに期待した効果を阻害する要因となり得るかどうか考慮する必要があるでしょう。

# ブロックチェーンの
# 実現可能性

Chapter

# 6

この章ではブロックチェーン・分散台帳を構成する
共通的な要素や仕組みについて整理します。現在、
ブロックチェーンや分散台帳にはさまざまな仕組み
が提案されています。それらを整理し、また、そ
の中でさらに分類することで、ブロックチェーン・
分散台帳の理解を深めていきます。

# 6-1 ブロックチェーンがもたらすもの

## ブロックチェーンを利用することのメリット

ブロックチェーンをアプリケーションやシステムに使用することを考えたとき、私たちはどのようなメリットを享受できるのでしょうか。ブロックチェーンがもたらすものとして、例えば以下のようなキーワードが考えられるでしょう。

### ◉ 冗長性（Redundancy）

同じ機能や同じデータを持つノードが複数存在し、それらが分散されて配置されることによって、一部のノードに障害があってもシステム全体を維持できるようにするという考え方です。他のノードが障害のあるノードの機能を肩代わりしたり、他のノードからデータの複製を得ることで障害からの復旧を容易にするといったことが考えられます。

### ◉ 真正性（Authenticity）

データが作られたときから、そのデータの状態が維持されていることを検証可能にすることです。大切な記録や文書が確かに存在し、その者が関わったことを当事者だけでなく第三者に対しても証明するためにもデータの真正性は重要です。このようなデータの真正性を担保するためには、データ作成元が確認でき、データが作成された以降に改ざんされていないことを確認できることが求められます。ブロックチェーンでは取引情報や台帳などのデータの真正性を担保するために、デジタル署名や改ざんが困難なハッシュ値の連鎖などを使用します。

### ◉ 追跡可能性（Traceability）

暗号通貨をはじめとする、デジタルデータで表現された資産や実際の物などに紐付けられたデータについて、その移転の履歴を記録していくことで追跡可能にしようと

いう考えです。ブロックチェーン適用例としてサプライチェーンが挙げられることがありますが、この追跡可能性への期待が大きいと考えられます。履歴に記載された情報の書き換えや順序の入れ替えが起きないことが必要ですので、上述した取引情報や台帳などについて真正性の担保が重要です。

## ◉ 透明性（Transparency）

一連の記録や情報を公開することで、外部の者もその記録や情報に関係する当事者の行いについて正当性を検証できるようにするという考えです。その当事者としても情報を公開することで、身の潔白を示すということになります。記録や情報を公開することによる透明性の確保は、上述のデータの真正性と追跡可能性とも関係があります。

さまざまな分野でブロックチェーンの応用を検討したときに、上記の例が「ブロックチェーンに期待する効果」の中に含まれているかもしれません。しかし、上記の例のような単体の効果だけを得たい場合には、ブロックチェーンだけが解とはなり得ません。例えば、データの真正性が重要な場合には、従来のデジタル署名やタイムスタンプサービス（5-4節を参照）でも実現可能ですし、追跡可能性や透明性が重要な場合にはデータを管理し公開するサーバをどこかが運用することも考えられます。また、これらのサービスやサーバを冗長化することで、障害への対処となる場合もあるでしょう。

ただし、そのようなアプローチは、それらの機能を提供する特定の事業者や機関が存在することが前提となります。これに対して、ブロックチェーンのアプローチでは、複数の事業者や管理者が管理するコンピュータが協調して全体の機能を実現するという考え方が適しています。別の見方をすると、ある目的や機能を実現するためには特定の事業者や機関を信頼して委ねてもよいケースであれば、ブロックチェーンのソフトウェアが持つさまざまな機能の意義は薄れてしまうかもしれません。さらには、かえって非効率となる結果を生むだけになってしまうかもしれません。ブロックチェーンを効果的に活用することを検討するのであれば、その設計思想や特質をよく考えたうえで扱う必要があります。

また、上述した効果の例は種々のブロックチェーンのソフトウェアを導入したという理由だけで、必ずしも保証されるものではないことに注意してください。ブロックチェーンにどのような種類のデータを、どのような方法で格納するのかといった、使

い方 (運用方法) もよく考える必要があります。また、ブロックチェーンのいずれのソフトウェアも、理論や設計、実装などから由来して、機能や性能で何らかの制約があるものです。その制約を補う形で周辺技術と組み合わせたり、運用のやり方を工夫したりすることが必要になることもあります。

　この章では、上記のような話も含めて、ブロックチェーンがそもそもどのような世界を目指したものであるかをあらためて振り返り、そのうえでブロックチェーンを効果的に適用するために考えておくべきポイントについて述べます。

# 6-2 ブロックチェーンでできること

## ブロックチェーンがそもそも目指していること

　ブロックチェーンの技術によって、改ざんなく情報や価値を記録したり、参照したり、流通させたりすることが実現できるといわれています。しかし、これらの事柄はブロックチェーンで初めてできるようになったかというと、そうではありません。例えば、情報を悪意のある人による改ざんがない状態で管理したいとします。実は、一番簡単な方法は、信頼できる人や組織が厳密に管理するサーバの中に情報を記録しておけば、その人や組織が不正を行わない限り、この目的は達成できます。

　次に、ビットコインやブロックチェーンのさまざまなアプリケーションが実現しようとしていることの主要な目的の1つに、帳簿のような時間を追って内容が変化していく情報を、時間の前後を間違えることなく正確に記録し続けるということがあります。つまり、情報の追加、修正、削除を一定のルール（ビットコインの場合には、支払いによる残額の正しい計算）の元に正確に行うことが必要になります。しかし、これも先に書いたように、信頼できるサーバが存在すれば、現在の情報システムで十分に可能です。また、一般社会での業務を考えたときに、何らかの処理を行った後のデータが本当に正しいかどうかをチェックする必要があります。企業において内部監査があったり、外部監査があったりするのは、その正しさが保たれていることが、社会活動を円滑に進めるために不可欠だからです。通常の監査であれば、そのデータベースを監査人が調べればいいですし、仮に不特定多数の人によって調べる必要がある場合でも、その情報を常にWebサーバを通じて公開しておけば、その目的を達成することができます。

　これらのことは、ブロックチェーンをわざわざ使わなくても、既存の情報技術を使えば、ブロックチェーンを使うよりも簡単に実現することができます。しかし、1つだけ既存の情報システムでは実現できないけれども、ブロックチェーンが目指してい

ることがあります。上の3つの例は、どれも「信頼できる人や組織が厳密に管理するサーバ」が存在することを暗黙のうちに仮定していました。しかし、信頼できる人や組織が厳密に管理するサーバは常に存在するとは限りません。サーバが故障することもありますし、事業者がサービスを中断したり、さらにはサービスをやめてしまったりすることもあるかもしれません。また、恐れる事態としては、事業者の従業員が不正を働いてしまった等によって、その事業者による管理への信頼そのものが揺らいでしまう事態もあり得ます。このような、その人や組織などが正しく動かないことで全体もうまく働かなくなる場所のことを**単一障害点**と呼びますが、単一障害点をなくすことは、システムにとっては重要なことです。さらにこの考えを進めると、誰か1人、あるいは何名かの者が邪魔をするだけで止められるようなシステムは、システムとして脆弱ということになります。

逆に、誰もが動作を止めることができない堅牢なシステムによって、前述した3つの情報の管理を行うことができれば、システムとしては正しく動作し、かつ、誰かの特定の意図に左右されないシステムを構築することができます。このようなシステムのことを「非中央集権的」なシステムと呼び、前述の信頼できる人や組織が管理する中央集権的な組織との対極的なシステムになります。ブロックチェーンが目指しているのは、非中央集権的な考え方の元、時系列を追って変わっていく情報を正しく更新しながら、誰もがその正しさを検証できるシステムということになります。

## ● ブロックチェーンで初めてできるようになったこと ●

つまり、処理性能的には極めて冗長なブロックチェーンを使って、初めて実現できるようになったことは、**非中央主権的な情報システムを作る基盤ができた**ということになります。このことをインターネットがもたらしたものとの対比で見てみましょう。

インターネットの開発が進んだ大きなモチベーションは、通信を行うにあたって単一障害点を作らないようにする、つまりどこかの装置が故障したとしても通信は引き続き行えるようにするということでした。この点に着目して、アメリカの軍の研究からインターネットの技術はスタートしました。インターネット技術の標準の骨格が決まり、商用化に進んだのは1995年ですが、そのときには、CAPTAINシステム、NIFTY-Serve、PC-VANのように、信頼できる組織が管理するネットワークがまだ主流でした。一方、これらのシステムに音声や動画も交えられるような、ニューメディアと呼ばれ

ブロックチェーンでできること **6-2**

るデータ通信の考え方と、非中央集権的に単一障害点がない通信の仕組みだけを用意してアプリケーションに特化した通信の在り方は、アプリケーションに任せるインターネット的な方法が競っていました。そして、最終的にはインターネットが通信の世界の勝者になりました。その理由は、インターネットのほうがイノベーションに圧倒的に向いていたからです。通信を使ったどんなに優れた新しいアイデアがあったとしても、運営者に取り入れてもらえない限り、そのサービスは世の中に出ることはありません。しかし、インターネットの場合、Web サーバを始めとしたさまざまなサーバを自由に構築することができるため、新しいアイデアさえあればそれを実装して、世の中に使ってもらうことができます。LinkedIn のような SNS も、Uber のような配車サービスも、Airbnb ような民泊サービスも、そのようなアイデアを、インターネットを通じて自由に実装できるからこそ生まれました。

インターネットが通信において非中央集権化を果たし、通信を利用した新たなアイデアを自由に実装するイノベーションを圧倒的に起こしやすくしたのと同様に、ブロックチェーンは一定のルールに基づいて更新されるデータ（例えばビットコインの場合には台帳）を、誰の許可を得ることなく構築して、そのデータを使った新たなアイデアを元にイノベーションを誘発することができます。ビットコインは一番いい例で、ビットコインが登場する前までは、支払いなどの金銭的価値のやり取りを間違いなく行い続けるためには、信頼できる人が発行するお金と、信頼できる人が管理する帳簿の存在が不可欠でした。しかし、ブロックチェーンを用いることで、信頼できる人がいなくても同じことが実現できるようになりました。ビットコインの場合には、単に支払いという機能を実現しただけですが、それ以外にも世の中には一定のルールに基づいて正しく更新するデータが必要なアプリケーションや場面はたくさんあり、そのような応用を誰でも実装可能な基盤ができたという意味で、ブロックチェーンで初めてできるようになったことが多く存在します。

現在、多くのネット企業が、大きなデータセンターを運営し、そこに蓄積されたデータを元にビジネスをしています。さらにいえば、それらのデータを独占することが、ビジネスの大きな源泉になっています。これは、その昔、通信を用いたサービスを通信業者が独占していたのと同じで、ネット企業がサービス上の単一障害点になり、ときにはイノベーションの阻害要因にもなりかねない可能性があります。ブロックチェーンを使った基盤ができることは、データを利用したサービスのイノベーションの可能性を広げることにつながるでしょう。

**6**

ブロックチェーンの実現可能性

## ● ブロックチェーンを使う必然性があるケースは？ ●

　本書でも説明していますが、ブロックチェーンそのものはデータをすべてのノードで管理し、非常に多くの通信と計算量を必要とします。中央集権的に構築するシステムよりも、性能は低く、コストもかかります。それでも、あえてブロックチェーンを使う必要性があるケースはあるのでしょうか？

　ビットコインの場合は、支払いを政府や中央銀行でさえ止めることができない、極言すると政府が信用できない場合においても（あるいは信用せずに）経済活動を行う必要があるという意味で大きな必然性があります。通常、円滑に経済活動を行おうとする場合、信頼できる人や機関がいれば、そのほうが圧倒的に簡単にシステムを作ることができます。これを考えると、お互いが信頼できるかどうか保証できないけど、みんなで正しく動作していることを確認できるのであればよいという場面において、初めてブロックチェーンを使う意味が出てきます。例えば、同じ業界だけど利益が相反する組織同士で何かのビジネスを行う場合、あるいは全く違う業界で、業界の枠を超えた協業をする場合などです。あるいは、どの組織にも不正が起きない保証はないと考えて、その不正を相互監視、あるいは公開で監視するというユースケースが考えられます。また、前述のように、イノベーションの可能性という観点で、不特定多数の、未知のビジネスとの連携の可能性を増やしたいというケースにおいて、ブロックチェーンを利用するということは考えられます。ただし、通常、お互いを全く信用しないというケースはほとんどないと思われますので、ブロックチェーンを使うことによるコストと、相手をどの程度信頼できるのかというところを中心に考えたうえでブロックチェーンを活用するということになるでしょう。

# 6-3 ブロックチェーンに向かないこと

## ブロックチェーンに対する過剰な期待

　ブロックチェーン技術が持つ非中央集権的なポテンシャルから、すでにさまざまな適用のアイデアが出され、スタートアップ企業から大企業まで、さまざまな試みが行われています。また、メディアをはじめてとして、ブロックチェーンに関する多くの記事やニュースを目にします。しかし、そのうちのいくつかは、前述したブロックチェーンが目指すものを考えたときに、必ずしも目的と合致しておらず、ブロックチェーンに対して過剰な期待がなされている事例も少なくありません。

　多くのブロックチェーンベースのプロジェクトのアイデアは、ブロックチェーンがもたらす「データが改ざんされずに正しい記録がもたらされる」というところに着目しています。また、不正を起こしにくい、という宣伝文句から、さまざまなユースケースでブロックチェーンが使えるのではないかと取り組まれています。しかし、記録が改ざんされないようにするのではあれば、信頼できる人や組織さえあれば実現できますし、世の中の多くのサービスはその前提でほとんど問題が起きていません。問題が起きたとしても、保険などを含めて、問題を解決する仕組みが備わっています。不正を起こしにくいという点も、もし単独の人が信頼できないとすれば、信頼できる組織の運営を複数の人の合議制にすればよいので、わざわざブロックチェーンを使う必要がないかもしれません。

　もう1つ、過剰な期待に応えられない理由として、ブロックチェーンのスケーラビリティ問題、主には性能の問題が挙げられます。ブロックチェーン技術では、性能とセキュリティには厳密なトレードオフがあり、非中央集権性を高めてブロックチェーンデータの改ざんを防ぐためには、数多くの結託しないノードが必要になります。一方で、ノード数を増やすためには、1ブロックあたりのデータ量を減らす必要があり、またノード数とブロックあたりのデータサイズを増やすとその間の通信が増えるた

め、十分な性能が確保できなくなります。つまり、ブロックチェーンにおいて、ムーアの法則のように性能を向上させるのは非常に困難であるといえます。ブロックチェーンがもたらすデータの非改ざん性と非中央集権性に着目して、夢のようなプロジェクトが数多く行われていますが、現実には、現時点のブロックチェーン技術は、それらのアプリケーションを実現できるほどの処理性能を持ち合わせていません。

## ●ブロックチェーンの保証範囲と、実現できないこと●

　ブロックチェーンが保証しているのは、データやトランザクションの前後関係と、一定のルールに基づいて正しくデータがアップデートされたということです。これ以上のことは、一切保証しません。しかし、多くのブロックチェーンを利用したプロジェクトでは、これ以上のことをブロックチェーンが保証しているように思わせているところがあります。

　例えば、これまで大きな企業が保証していた信用を、ブロックチェーンで置き換えることができるとする宣伝文句をよく目にします。しかし、大企業が保証している信用は、ブロックチェーンが保証するような一定のルールに基づいてデータを正しく処理し続ける、という事柄だけではなく、組織として誠実に対応するとか、借金はやがて返してくれるだろうとか、秘密は守ってくれるだろう、などの、英語でいうと「credit」に相当する信用も担保しています。しかし、現状のブロックチェーン技術は「credit」に相当する信用を保証することはできません。つまり、世の中で担保されている「信用」と呼ばれているものを、すべてブロックチェーンで代替することはできないのです。

　またブロックチェーンを使えば、そのデータにはトレーサビリティがあり、信頼できるものと仮定するプロジェクトも目にします。確かに、ブロックチェーンに一度データが記録されれば、その後のデータの修正は、誰でも検証することができます。しかし、ブロックチェーンに記録される前のデータの正当性は誰も保証してくれません。これはブロックチェーンが提供する機能の対象外です。その仕組みは別に担保しないといけないのです。

　さらに、ブロックチェーンでも暗号技術は使われていますが、ブロックチェーンそのものにデータを暗号化する機能はありません（基本機能に暗号化を備えた実装が登場したとしてもさまざまな制約があり得ます）。情報システムで利用するデータは、必

ブロックチェーンに向かないこと **6-3**

要な人だけがアクセスできるようにするためのアクセス制御が必要で、アクセス制御の1つの手段が暗号化になりますが、ブロックチェーンではその機能はないことに注意が必要です。

　現実社会で、持続性のあるサービスを実現するためには、実はブロックチェーンが提供する機能以外の要素がたくさんあり、その全体の組み合わせの中で、もし信頼できる人や組織が存在するのであれば、ブロックチェーンをわざわざ使わずに、その人に運営を依頼したほうが、簡単に実現できるかもしれません。その意味で、ブロックチェーンが保証できることと、実際のシステムとして保証しなければいけないことのギャップを分析する必要が常にあります。

**6**

ブロックチェーンの実現可能性

137

## COLUMN ブロックチェーンによる電子投票は可能か？

ブロックチェーンは、ブロックに記録されたデータの改ざんが困難であることから、さまざまな応用の可能性について議論されています。その中でよく例に挙がる応用の1つが電子投票です。確かに、電子投票において、集計された票の数が改ざんされていないことや、誰でも正しさを検証できることは電子投票に必要とされるセキュリティの性質です。ここにブロックチェーンが使えると考えるのは自然であるように思えます。しかし、電子投票には、他にも必要とされる性質があります。

例えば、投票内容のプライバシーは、公職選挙のような無記名投票においては不可欠な性質ですが、これはブロックチェーンでは担保されません。ブロックに書き込むデータの秘匿性は、ブロックチェーンに投票内容を記録する前に暗号化を行い、その復号のための鍵を別途厳重に管理する必要があります。

さらに、特にインターネット経由で電子投票を実現しようとすると問題になるのが、買収や脅迫に対する対策です。通常の公職選挙における投票を思い出すとわかりやすいのですが、誰からも見えない投票ブースで候補者の名前を書きます。そのあとに、投票用紙の中身を誰にも見られないようにして投票箱の中に入れます。これは、個々の投票内容が誰にもコントロールされないことを担保するために必要な仕組みです。自分が誰かに投票したことがわかるようになっていると、誰かがその証拠と引き換えに買収を行ったり、脅迫をすることがやりやすくなります。もし、そのような証明ができないとすると、いくらお金を掛けて有権者に投票を指示したとしても実際には投票されないため、支払ったお金が無駄になるリスクがあります。このような証明ができない性質のことを無証拠性（レシートフリー）と呼びます。これまでの長年の電子投票の研究においても、無証拠性を実現する電子投票プロトコルの研究が盛んに行われています。しかし、ブロックチェーン単独では無証拠性を実現することはできません。

ブロックチェーンが持つ、改ざんできない、誰でも検証ができるという性質が、世の中のさまざまな仕組みの不正を排除する手段として一見有効なように見えます。しかし、上記のように現実の応用では、より多くのセキュリティやプライバシーの性質が必要とされることに注意が必要です。ある応用に対して、本当にブロックチェーンが使えるのかについては、注意深く分析をする必要があります。

# ブロックチェーン
# ソフトウェアの例

Chapter

7

さまざまなブロックチェーンソフトウェアが登場し、本書を執筆している段階でも数々のソフトウェア開発プロジェクトが進められています。多種多様なブロックチェーンソフトウェアを一望するのは容易ではありませんが、いくつかの実例を知ることでブロックチェーンの仕組みや特徴を理解しやすくなるでしょう。この章ではイーサリアムとHyperledger Fabricを、両者の実行環境や基本的なスマートコントラクトの書き方、動かし方などを含めて簡単に紹介します。

# イーサリアムとは？

## イーサリアムの概要

　イーサリアム（Ethereum）はブロックチェーンを利用した非中央集権アプリケーション実行プラットフォームです。Ethereum Projectによって2013年から開発が行われています。インターネット上にイーサリアムのネットワークが稼働しており、誰でも自由に参加ができるため、パーミッションレス型のブロックチェーンに分類されます。また、パーミッションド型向けのEnterprise Ethereumというものも存在します。

　イーサリアムにはEther（イーサ）と呼ばれる組み込みの暗号通貨があります。ビットコイン同様、ユーザは各自のコンピュータ上でマイニング（採掘）を行ったり、取引所で購入したりすることでEtherを手に入れることができます。

　また、イーサリアムではプログラム（スマートコントラクト）を記述して任意のアプリケーションを開発することができます。このアプリケーションは非中央集権アプリケーション（Decentralized Applications、略してDapps）と呼ばれ、暗号通貨Etherの流通以外にもさまざまなサービスを構築することができます。スマートコントラクトをイーサリアムネットワーク上で実行するために、実行者は手数料を支払う必要があり、Etherはこの実行手数料の支払いにも用いられます。

　イーサリアムは特定のソフトウェアを指すものではなく、プラットフォームやプロトコルの名前です。イーサリアムネットワークに参加するためのソフトウェアはEthereum Projectから3種類提供されています。以下にその3種類の概要を紹介します。

### ◉ Geth

　Go言語で実装されたソフトウェアです。セキュリティ監査されており、Webアプリケーションとの親和性が高い実装とされています。また、最も広く使われているソフトウェアでもあります。イーサリアムのノード情報が見られるethernodes.orgというサイトによると現在75%のノードがGethで稼働しています。

イーサリアムとは？　7-1

### ⊙ Eth

　C++で実装されたソフトウェアです。Ethereum Projectによると、GPUマイニング（Graphics Processing Unitを用いた効率的なマイニング）が目的ならEthが適しているとされています（もっとも、現状では後述するサードパーティー実装の方が適しているようです）。

### ⊙ Pyethapp

　Pythonで実装されたソフトウェアです。他2つのソフトウェアと比べるとソースコードが読みやすくなっていますが、パフォーマンスに重点が置かれておらず、実用的な使用には適さないとされています。非中央集権アプリケーションの開発時や、イーサリアムの研究および学術目的の使用に最も適した実装です。

　これらは基本的には同じ機能を持っていますが、同じ不具合や脆弱性を抱えることがないように独立に開発されています。次のセクションで各実装について説明します。
　また、上で紹介した他にも、Ethereum Project以外のサードパーティーから、Rustで実装されたParityや、Javaで実装されたEthereumJなどが提供されています。イーサリアムについて詳しく学びたい人は、自分の得意な言語で書かれた実装のソースを読んでみてください。本書では最も広く利用されている、Gethを使用します。

## アカウント

　ビットコインのブロックチェーンでは、ビットコインの支払いの状況をトランザクションのリストで管理しており、あるユーザの持つビットコインの「残高」の値が直接的に記録されているわけではありません。ウォレットソフトウェアやサービスの「残高」表示機能は、そのユーザが受け取ったトランザクションの送金額の中から、未使用のものを足し合わせて実現しています。対して、イーサリアムは、各ユーザの残高をそのままブロックチェーンに記録して管理しています。具体的には、イーサリアムは160ビットのアドレスで示される「アカウント」というオブジェクトを基本単位として、残高を含めた各種状態を記録しています（この状態はマークルパトリシアツリーというツリー構造で管理しています）。アカウントはユーザを表す「外部所有アカウント」とスマートコントラクトを表す「コントラクト」の2種類があります。

141

### ◉ 外部所有アカウント

外部所有アカウント（Externally Owned Account、略してEOA）は、一般的なコンピュータシステムの「アカウント」に似た概念で、秘密鍵によってコントロールされるアカウントです。ある外部所有アカウントの秘密鍵を知っている人は、その外部所有アカウントが署名したトランザクションを作成することができ、他のアカウントにEtherを送金したり、他のコントラクトアカウントにメッセージを送り、コントラクトコードを実行したりすることができます。

### ◉ コントラクト

スマートコントラクトのインスタンスを表すアカウントです。コントラクトアカウントはコントラクトコードと呼ばれるプログラムロジックを必ず保持しています。コントラクトアカウントはメッセージを受け取ると、自身のコントラクトコードを起動し、その中で自身のストレージを読み書きしたり、他のコントラクトアカウントにメッセージを送ったり、他のコントラクトを作成したりできます。

## アカウントのデータ構造

アカウントは以下4つのフィールドを持ちます。

### ◉ ナンス

アカウントがトランザクション作成のたびに増加するカウンターで、各トランザクションが一度だけ処理されることを保証するために使用します。紛らわしいですが、マイニングの際のナンスとは別のものです。

### ◉ Ether 残高

アカウントの現在のEther残高です。Weiという単位で保存されています。1Ether = 1000000000000000000（10の18乗）Weiです。コントラクトアカウントも残高を保持することができます。例えば実行時、トランザクション手数料の他に利用料金としてEtherを送金しなければならないスマートコントラクトなどが作れます。

## コントラクトコード

アカウントの持つスマートコントラクトのバイトコードです。コントラクトコードは他のフィールドと違い、変更されません。外部所有アカウントではコントラクトコードは空になっています。

## ストレージ

アカウントの持つKey Value Storeのデータベースです。自身のスマートコントラクトから更新および参照を行うことができます。外部所有アカウントではストレージは空になっています。

# アーキテクチャ

アカウントの概念を踏まえて、イーサリアムのアーキテクチャについて説明します。

### イーサリアムのアーキテクチャ構成

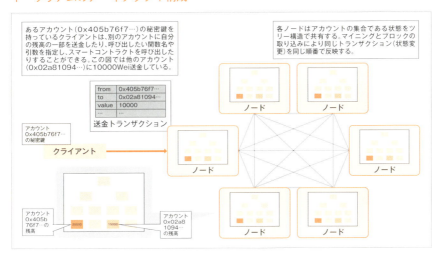

イーサリアムの各ノードは、すべてのアカウントのデータを保持しています。ある外部所有アカウントの秘密鍵を知っているアプリケーションは、他のアカウントへの送金やスマートコントラクト実行、あるいはコントラクト作成のためのトランザクションを作成できます。トランザクションは以下のフィールドを持っています。

| フィールド名 | 意味 |
|---|---|
| nonce | トランザクション送信者の送信アカウントのナンスの値です。 |
| gasPrice | 1gasあたりのEther額を指定します。gasとは採掘者に支払われる手数料を算出するための単位で、実行したコントラクトコードの処理とトランザクションのデータサイズに応じて増加します。(コントラクトコード実行に掛かったgas量) * (gasPrice値) が、トランザクション送信元から、マイナー(採掘者)に支払われる手数料になります。gasPriceが大きいトランザクションは、マイナーが受け取る手数料が増えるので優先的に取り込むことになり、優先度が高くなります。 |
| gasLimit | このトランザクションに使えるgasの上限値です。トランザクション適用中に使用したgasがgasLimitに達するとトランザクションが打ち切られ、手数料支払い以外の状態変更がロールバックされます。gasLimitが存在することにより、例えばコントラクトコードに不具合があっても、必ずトランザクションが終了することが保証され、トランザクション送信元のEtherが枯渇することを防ぐことができます。 |
| to | トランザクションの送信先のアドレスです。外部所有アカウントでもコントラクトアカウントでも指定できます。コントラクト作成トランザクションではここが空になっています。 |
| value | トランザクション送信先に送るEther額です。コントラクト作成トランザクションでは、作成するコントラクトアカウントにEtherを送ります。 |
| data | コントラクトコード呼び出しの関数名および引数です。コントラクト作成トランザクションではコントラクトコードを指定します。 |
| r, s, v | トランザクションの送信元のECDSAによる署名です。 |

## ◎ トランザクション処理～ブロックの作成

　トランザクションは以下の手順でマイナーノードによってマイニング(採掘)され、ブロックが作成されます。

### ❶ トランザクションの受信

　トランザクションをネットワーク上のマイナーノードが受信します。

イーサリアムとは？ **7-1**

### ❷トランザクションの検証

トランザクションが正常であるか（トランザクションの形式が正しいか、署名の正当性、nonceが送信者のものと一致するか）を確認します。

### ❸前払い手数料

トランザクション内のgasLimit値とgasPrice値を参照し、前払い手数料として、**gasLimit値 * gasPrice値** のEtherをトランザクション送信元のEther残高から減らし、トランザクション送信元のnonce値をインクリメントします。充分なEther残高がなければエラーとして以降の処理を行いません。

### ❹トランザクションデータに応じた手数料の支払い

変数remainingGas（残りgas）にgasLimit値を代入します。手数料として、トランザクションデータサイズ1バイトごとにremainingGasから5gasを引きます。

### ❺ Ether の送信（残高の書き換え）

トランザクションのvalue値分、トランザクション送信元の残高から引き、トランザクション送信先の残高に足します。

### ❻コントラクトコードに応じた手数料の支払い

コントラクトコードを1ステップ実行するごとに処理に応じたgasを手数料としてremainingGasから引きます。コード実行中にremainingGasが0になった時は、nonceと手数料の支払い以外の状態変更を元に戻し、マイナーの残高に手数料を加えます。

### ❼マイナーへの手数料の送付

コード実行が完了したら、**remainingGas * gasPrice値**分のEtherを送信元のEther残高に戻し、**(gasLimit値 - remainingGas) * gasPrice値**分のEtherを手数料としてマイナーの残高に加えます。

### ❽ Proof of Work の実行

❶〜❼を繰り返した後、Proof of Workを行います。成功したなら採掘者はブロック作成の報酬（現在は3Ether。4370000ブロックより前は5Etherでした）を受け取り、ブ

ロックを作成し、ブロードキャストします。

　ブロックはブロックヘッダと（gas不足で実行打ち切られたものを含む）トランザクションのリスト、および、後述するommerブロックのヘッダのリストから構成されます。ブロックヘッダは以下のようなフィールドを持っています。

| フィールド名 | 意味 |
|---|---|
| parentHash | 親ブロックのヘッダのハッシュ値です。 |
| stateRoot | このブロックのトランザクションを適用した後の状態のツリーのルートハッシュ値です。 |
| difficulty | このブロックのProof of Workの難易度です。 |
| number | このブロックの世代数です。 |
| gasLimit | このブロックのgas使用量上限です。トランザクションにもgasLimit値がありますが、別のものです。親ブロックのgasLimit値と親ブロックgasUsed値から計算されます（前回、gasLimit値の2/3よりgasを使用していれば今回のgasLimit値は増加、そうでなければ減少します）。 |
| gasUsed | このブロックのトランザクションで使用されたgasの合計値です。 |
| timestamp | このブロックの開始時のUNIXのtime()関数の値です。 |
| nonce | Proof of Workで得られたnonceです。これもトランザクションのnonceと別のものです。 |

## ⦿ ブロックの取り込み

　マイナーがブロードキャストしたブロックを受信した各ノードは、以下の手順でブロックを取り込みます。

### ❶直前のブロックの parentHash のチェック

　直前のブロックが存在し、直前のブロックヘッダのハッシュ値がparentHashと一致するかチェックします。

イーサリアムとは？ **7-1**

**❷ timestamp のチェック**

timestampの値が直前のブロックより大きく、15分後以内かチェックします。

**❸ 各要素のチェック**

number、difficulty……等が正しいかチェックします。

**❹ Proof of Work のチェック**

ブロックのProof of Work が正しいかチェックします。

**❺ トランザクションの実行**

トランザクションのリストを元に、トランザクションを実行し、状態変更を適用していきます。途中で消費gasの合計がgasLimitを超えたらエラーとし、無効なブロックとして取り込みません。

**❻ stateRoot の確認**

最終的な状態のツリーのルート値がブロックヘッダのstateRootと一致しているか調べ、一致していれば取り込みます。

ブロックの取り込みの過程でトランザクションが実行されるため、結果的にコントラクトのコードは全ノードで実行されることになります。

## GHOSTプロトコル

イーサリアムの合意形成アルゴリズムは、ビットコインと同様にProof of Work が採用されていますが、約10分で解が出るように調整されているビットコインに比べ、イーサリアムのマイニング時間は約15秒と短くなっています。もしイーサリアムにおいても、ビットコインのように最も長いチェーンを有効なチェーンとした場合、マイニング時間を短くすることによる弊害はないのでしょうか？

マイニング時間を短くすると、複数のノードがほぼ同時にブロックのマイニングに成功してチェーンの分岐が発生する可能性が高くなります。ビットコインの方式では有効なチェーン以外のブロックのマイニングに使われた計算資源はまったく無駄になってしまうので、結果としてセキュリティを低下させてしまいます。また、マイニ

ング時間に対するブロックの伝搬時間が相対的に大きくなります。あるブロックのマイニングに成功したノードはすぐさま次のブロックのマイニングを始めることができますが、他のノードはマイニングに成功したそのブロックを受け取らないと次のブロックのマイニングを行えないので、あるブロックのマイニングに成功したノードは、次のブロックのマイニングに成功する確率が実際の計算能力の割合よりも高くなってしまいます。つまりマイナーの中央集権化が起こりやすくなってしまいます。

　この問題を解決するために、イーサリアムでは有効なチェーンを最も長いチェーンではなく GHOST（Greedy Heaviest Observed Subtree）というプロトコルで決定される、最も重い（heaviest）チェーンとしています。

　各ブロックは ommer ブロック（自分の親ブロックの親ブロックの子であり、かつ自分の親ブロックではないブロック）のヘッダリストを含みます。あるチェーンが有効なチェーンかどうかを判定するために、最新のブロックとその直系の先祖ブロックの ommer ブロックヘッダリストを調べていき、6世代前までの ommer ブロックの数を数えます。最も ommer ブロックが多いチェーンを有効なチェーンとします。

### GHOST プロトコル

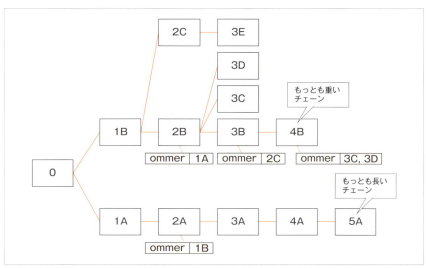

　上記の例で説明すると、「0-1A-2A-3A-4A-5A」からなるチェーンは最も長いチェーンですが、ommer ブロックは1つ（1B）しかありません。対して、「0-1B-2B-3B-4B」からなるチェーンは ommer ブロックを4つ（1A、2C、3C、3D）持つため、こちらが

イーサリアムとは？ 7-1

GHOSTプロトコルにおける有効なチェーンになります。

　ommerブロックの内容自体は有効なチェーンに反映されませんが、マイニングは報酬の対象になります。ommerブロックのマイナーはブロックマイニング報酬の7/8を受け取ります。トランザクション手数料は受け取れません。また、ommerブロックのヘッダを取り込んだブロックは、ommerブロックごとにブロックマイニング報酬の1/32を追加で受け取ります。

　分岐が発生したチェーンのブロックも有効なチェーンの判定に用いられることにより、ネットワークの計算資源が無駄になりにくくなり、また、無効なブロックをマイニングしたノードも報酬を一部受け取れることによりモチベーションの低下を防ぎ、マイナーの中央集権化を防ぎます。

## コントラクトコード

　コントラクトコードは、各ノードで実行されますが、WindowsのEXEファイルのような、実行形式のプログラムファイルが各ノードに配布されて動作するわけではありません。コントラクトコードはバイトコードという、中間形式で各ノードのコントラクトアカウントに格納されています。

　トランザクション実行の際に、各ノード内のEthereum Virtual Machine（EVM）という仮想マシンでコントラクトコードが実行され、各アカウントの状態変更が行われます。

### ◉ バイトコード

　以下は「Hello, world!」という文字列を返却する、hello関数を持ったコントラクトコードのバイトコードの例です。

**「Hello, world!」と出力するコントラクトコード（バイトコード）**

```
6060604052341561000f57600080fd5b5b6101518061001f6000396000f30060606
040526000357c010000000000000000000000000000000000000000000000000000
0000900463ffffffff16806319ff1d211461003e575b600080fd5b3415610049576
…（中略）…
b90565b60206040519081016040528060008152509059600a165627a7a7230582055
7d5a03fb9f365a8526c00d63810acb53ae8b2baa5bb005b5f22dc347336a930029
```

　ただの16進数の羅列に見えますが、それぞれバイト単位で区切ると以下のようにオ

149

ペコード（命令）とオペランド（データ）部分に分かれます。EVMはバイトコードを逐次実行し状態変更を行います。

---

**バイトコードをバイト単位で分解**

```
0x60(PUSH1)        0x60
0x60(PUSH1)        0x40
0x52(MSTORE)
0x34(CALLVALUE)
0x15(ISZERO)
0x61(PUSH2)        0x000f
0x57(JUMPI)
0x60(PUSH1)        0x00
0x80(DUP1)
0xfd(REVERT)
...
```

---

## Solidity

バイトコードを人間が直接書くのは困難なので、イーサリアムにはSolidityという、JavaScriptに似た文法を持つ高級言語が備わっています。「バイトコードの例」で示した"Hello, world!"と出力するコントラクトコードはSolidityで以下のように書けます。

---

**「Hello, world!」と出力するコントラクトコード（Solidity)**

```
pragma solidity ^0.4.13;
contract HelloWorld {
    function hello() public constant returns (string) {
        return "Hello, world!";
    }
}
```

---

これをSolidityのコンパイラであるSolcを使ってバイトコードに変換します。バイトコードをコントラクト作成トランザクションのdataに指定し、イーサリアムネットワークに送信することで実行可能な状態になります。

イーサリアムとは？ 7-1

## 実行環境作成

Ubuntu 16.04 LTS でイーサリアムの実行環境を作成します。

### ◉ Personal Package Archive の追加

イーサリアム関連のパッケージはUbuntu標準のリポジトリに含まれていません。なので、ppa:ethereum/ethereumというPersonal Package Archive（PPA）を参照するリポジトリに追加する必要があります。また、リポジトリを追加するadd-apt-repositoryコマンドも既定で含まれていないので、software-properties-commonパッケージをまずインストールする必要があります（プロキシ経由でインターネットに接続している環境では、環境変数http_proxyなどでプロキシを指定する必要があります）。

#### パッケージインストールとリポジトリの追加

```
> sudo apt-get update
> sudo apt-get install -y software-properties-common
> sudo add-apt-repository -y ppa:ethereum/ethereum
```

### ◉ Geth および Solc のインストール

ppa:ethereum/ethereum を追加すれば、apt-get コマンドで Geth および Solc をインストールすることができます。

#### Geth と Solc のインストール

```
> sudo apt-get update
> sudo apt-get install -y ethereum
> sudo apt-get install -y solc
```

## 動作確認

### ◉ 開発者モードでの Geth ノードの起動

geth コマンドを実行することでGeth ノードを起動することができますが、既定値で起動すると、パブリックなネットワークに接続してしまいます。ブロックの同期に

7

ブロックチェーンソフトウェアの例

151

非常に時間がかかりますし、Ether送金やコントラクトのインストールおよび実行に現実世界のお金がかかってしまいます。そこで今回は手元に独立したネットワークを構築する開発者モードで起動することにします。

以下のコマンドでGethノードが開発者モードで起動し、JavaScriptのコンソール（Web3コンソールといいます）が使用可能になります。

**Geth を開発者モードで起動**

```
> geth --dev --datadir ./gethdata console
```

開発者モードは通常のモードに比べ、以下のような違いがあります。

- 開発者アカウントが自動的に作られます。開発者アカウントはトランザクション実行の際にパスワード入力をする必要がありません。
- ブロックのマイニングが自動的に行われます。
- 他のノードとのP2P通信が行われません。

ブロックチェーンの情報や開発者アカウント、作成するユーザアカウントの秘密鍵などは、--datadirオプションで指定したgethdataディレクトリの下に書かれます。何かを間違えて初めからやり直す場合は、gethdataディレクトリごと削除してください。

## ◉ アカウントの作成

このノードが管理している（秘密鍵を持っている）アカウントのアドレスは、Web3コンソール上からeth.accountsという配列型の変数でアクセスすることができます。前述したとおり、開発者モードでは開発者アカウントが自動的に作成されています。開発者アカウントのアドレスはeth.accountsの0番目の要素として以下のように取得することができます（アドレスは環境により変わります）。

**開発者アカウントのアドレスを表示**

```
> eth.accounts[0]
"0x242761bcbf2c9656f9f4b024a2d29f0e5a387a78"
```

新しくアカウントを作成するには、personal.newAccount()関数を呼び出します。引

イーサリアムとは？ **7-1**

数としてパスフレーズを指定します。今回はパスフレーズを「foo」に設定します。

**新しいアカウントを作成**

```
> personal.newAccount('foo')
"0x83c7cae72f14556cb761392987c7ce29e506ffea"
```

「0x83c7cae72f14556cb761392987c7ce29e506ffea」が今回作成したアカウントの
アドレスです（環境により変わります）。これには eth.accounts[1] でアクセスできるは
ずです。Web3 コンソールで eth.accounts を表示して確認してください。

**アカウント一覧を表示**

```
> eth.accounts
["0x242761bcbf2c9656f9f4b024a2d29f0e5a387a78", "0x83c7cae72f14556cb7
61392987c7ce29e506ffea"]
```

## ⦿ Ether 額の確認と送金

アカウントが持つ Ether の残高は、eth.getBalance(<アカウントのアドレス>) 関数を
実行することにより取得できます（単位は Wei）。先ほど作成したアカウントの残高を
取得してみましょう。

**foo アカウントの残高を取得**

```
> eth.getBalance(eth.accounts[1])
0
```

作成直後のアカウントは Ether を持っていません。開発者アカウントの残高も取得
してみましょう。

**開発者アカウントの残高を取得**

```
> eth.getBalance(eth.accounts[0])
1.1579208923731619542357098500868790785326998466564056403945758400 7
913129639927e+77
```

**7**

ブロックチェーンソフトウェアの例

153

開発者モードでは開発者アカウントに天文学的（2の256乗-9 Weiで、ほとんど最大値）な残高が割り当てられています。開発者アカウントから先ほど作成したアカウントに1Ether送金してみましょう。

**開発者アカウントに 1Ether を送金**

```
> eth.sendTransaction({from: eth.accounts[0], to: eth.accounts[1],
value: 1000000000000000000})
```

うまく行けばトランザクションが送信され、マイニングが行われた旨のログがコンソールに出力されるはずです。eth.getBalance で eth.accounts[1] の残高が 1000000000000000000 Wei(=1 Ether)になっていることを確認してください。

**開発者アカウントの残高を取得**

```
> eth.getBalance(eth.accounts[1])
1000000000000000000
```

## ◉ コントラクトのインストール

Geth ノード上にコントラクトをインストールして実行してみましょう。Web3 コンソールが開いているターミナルとは別のターミナルを開き（以降コンパイル用ターミナルと書きます）、任意のエディタで以下のコードを書き、NameLearner.sol というファイル名で保存してください。

**NameLearner.sol**

```solidity
pragma solidity ^0.4.13;
contract NameLearner {
    string name;

    function NameLearner() public {
        name = "anonymous";
    }

    function sayName() public constant returns (string) {
```

イーサリアムとは？ 7-1

```
        return name;
    }

    function learnName(string _name) public {
        name = _name;
    }
}
```

　コンパイル用ターミナルでsolcコマンドでコンパイルします。--binはバイトコードを16進数で出力するオプション、--abiはABI（Application Binary Interfaceの略、コントラクトの関数定義を列挙したオブジェクトのこと）を出力するオプションです。

### コンパイル用ターミナルで solc コマンドを実行

```
> solc --bin --abi NameLearner.sol
======= NameLearner.sol:NameLearner =======
Binary:
6060604052341561000f57600080fd5b60408051908 (...中略...) 325a17e0e93
29ae5d2ed7731e98075a504be7e70029
Contract JSON ABI
[{"constant":true,"inputs":[],"name":"sayName","outputs":[{"name":""
,"type":"string"}],"payable":false,"stateMutability":"view","type":"
function"},{"constant":false,"inputs":[{"name":"_name","type":"strin
g"}],"name":"learnName","outputs":[],"payable":false,"stateMutabilit
y":"nonpayable","type":"function"},{"inputs":[],"payable":false,"sta
teMutability":"nonpayable","type":"constructor"}]
```

　「Binary:」の下の行に出力された文字列がバイトコードです。上記の実行例では長いので省略しています。「Contract JSON ABI」の下の行のJSONドキュメントがABIです。

　元のWeb3コンソールに戻り、変数dataにバイトコードを代入します。先ほどのSolcでコンパイルした際にコンパイル用ターミナルに出力されたバイトコードをコピーし、先頭に '0x' を付け、文字列として代入します。

**変数 data にバイトコードを代入**

```
> var data = '0x6060604052341561000f57600080fd5b60408051908 (...中略
...) 325a17e0e9329ae5d2ed7731e98075a504be7e70029'
undefined
```

さらに変数abiにABIを代入します。これはそのままJavaScriptのオブジェクトとして代入します。

**変数 abi に ABI を代入**

```
> var abi = [{"constant":true,"inputs":[],"name":"sayName","outputs"
:[{"name":"","type":"string"}],"payable":false,"stateMutability":"vi
ew","type":"function"},{"constant":false,"inputs":[{"name":"_name","
type":"string"}],"name":"learnName","outputs":[],"payable":false,"st
ateMutability":"nonpayable","type":"function"},{"inputs":[],"payable
":false,"stateMutability":"nonpayable","type":"constructor"}]
undefined
```

eth.contract()関数を呼び出して、コントラクトのファクトリオブジェクトを取得します。

**コントラクトのファクトリオブジェクトを取得**

```
> var factory = eth.contract(abi)
undefined
```

この時点ではまだコントラクト作成トランザクションは送信されていません。最後にファクトリオブジェクトのnew関数を呼び出してトランザクションを送信します。

**トランザクションを送信**

```
> var contract = factory.new({from: eth.accounts[0], data: data,
gas: 1000000})
```

開発者モードなので、マイニングは自動的に行われ、コントラクトがイーサリアムネットワーク上にインストールされます。contractオブジェクトのaddressフィールド

イーサリアムとは？ 7-1

に、コントラクトアカウントのアドレスが入っていれば呼び出し可能状態です
（addressとtransactionHashの値は環境により変化します）。

## contract オブジェクトの address フィールドを確認

```
> contract
{
  abi: [{
      constant: true,
      inputs: [],
      name: "sayName",
      outputs: [{...}],
      payable: false,
      stateMutability: "view",
      type: "function"
  }, {
      constant: false,
      inputs: [{...}],
      name: "learnName",
      outputs: [],
      payable: false,
      stateMutability: "nonpayable",
      type: "function"
  }, {
      inputs: [],
      payable: false,
      stateMutability: "nonpayable",
      type: "constructor"
  }],
  address: "0x535391ecd10263e7de8531d547f428ac33d567ee",
  transactionHash: "0x56d955ed560eaaa9711eaceadda115eb4f694c4f4d9e4d
65ee5561a559b59a73",
  allEvents: function(),
  learnName: function(),
  sayName: function()
}
```

> COLUMN **address の値が undefined になる場合**

ときどき、マイニングが完了しているにも関わらず、以下のように address の値が undefined になり、contract オブジェクトにメソッド定義がないときがあります。

**address の値が undefined となった例**

```
> contract
{
  abi: [
      (中略)
  ],
  address: undefined,
  transactionHash: "0x56d955ed560eaaa9711eaceadda115eb4f694c4f4
  d9e4d65ee5561a559b59a73"
}
```

これはタイミングにより発生する new 関数の不具合のようです。ファクトリオブジェクトはブロックの追加を監視し、新しいブロックが取り込まれた契機で address やメソッドをセットするので、頻繁にトランザクションが送信される実際のイーサリアムネットワーク環境で問題になることはないと思われます。回避策として、この状態になったときは、以下のように少額の Ether を送金するなどしてトランザクションを送信してみてください。

**回避策として少額の Ether を送金**

```
> eth.sendTransaction({from: eth.accounts[0], to: eth.
accounts[1], value: 1})
```

## ◉ コントラクトの実行

インストールしたNameLearnerコントラクトのsayNameメソッドを実行してみましょう。sayNameメソッドはconstant宣言が行われています。これはコントラクトの状態の取得のみを行い、状態を変更できないメソッドであることを示しています。このようなメソッドはトランザクションを送信することなく呼び出すことができます。実行手数料もかかりません。

イーサリアムとは？ **7-1**

### NameLearner コントラクトの sayName メソッドの実行

```
> contract.sayName()
"anonymous"
```

コントラクトインストール時にコンストラクタ内で設定された"anonymous"が返ってきました。

続いて、learnNameメソッドを実行してみましょう。learnNameメソッドは引数に文字列を取り、コントラクトのname変数の値を書き換えます。状態変更を伴うメソッドであるため、トランザクションの送信が必要です。

### NameLearner コントラクトの learnName メソッドの実行

```
> contract.learnName.sendTransaction("Ethereum", {from: eth.
accounts[0], gas: 100000})
```

このトランザクションがマイニングされると、sayNameメソッドの戻り値がlearnNameメソッド実行時に引数に指定した、「Ethereum」に変わります。

### NameLearner コントラクトの sayName メソッドの再実行

```
> contract.sayName()
"Ethereum"
```

## 開発環境Remix

SolidityにはRemixという名前の開発環境が用意されています。RemixはWebブラウザ内で動作し、Solidityのエディタ、コンパイル、デバッガ、イーサリアムノードへのコントラクトのインストールなどの機能を備えています。Remixには以下のURLでアクセスできます。

```
http://remix.ethereum.org
```

また、ローカル環境にコピーすることもできます。以下のファイルをダウンロードして展開し、browser-solidity-gh-pages/index.htmlファイルをブラウザで開いてください。

https://github.com/ethereum/browser-solidity/archive/gh-pages.zip

### Remix 画面

### ◉ Remix 上でのコントラクトの実行

　Remix内でコントラクトを実行してみましょう。Remix画面の左上の "+" ボタンを押してください。Remix内で作成される新しいSolidityファイル名を入力するダイアログが表示されるので、「NameLearner.sol」と入力して［OK］ボタンを押してください。
　次に、中央のエディタ領域に先ほどの「コントラクトのインストール」で説明した、NameLearnerコントラクトのコードを入力してください。

### NameLearner コントラクトのコードを入力

イーサリアムとは？ 7-1

　既定で自動コンパイル機能が有効になっています。右側の領域に赤背景のメッセージが表示されていなければ、コンパイルに成功しています。コンパイルに成功したら、右側の [Run] タブを押してください。右側中央の [Create] ボタンを押すことにより Remix 内でコントラクトがインストールされ、インスタンスが作られます。

#### Run タブの Create ボタンを押してインスタンスを作成

　インスタンス生成されたばかりの状態で [sayName] ボタンを押すと、ボタンの右側に「0: string: anonymous」と表示されます。[learnName] ボタンの右の入力欄に「"Ethereum"」（ダブルクォーテーションも必要）と入力し、[learnName] ボタンを押してください。状態変更された後、[sayName] ボタンを押すと「0: string: Ethereum」と表示されるようになります。

# 7-2 Hyperledger Fabricとは？

## Hyperledger Fabricの概要

　Hyperledger FabricはThe Linux Foundationが主催するHyperledger Projectによって開発されている、分散台帳プラットフォームです。ビットコインやイーサリアムのような誰でもアクセス可能なパーミッションレスブロックチェーンではなく、公開鍵で指定されたノードのみがネットワークに参加できる、パーミッションドブロックチェーンに分類されます。参加者をコントロールできる特性から、複数の組織が管理主体となって情報を共有するコンソーシアム型の分散台帳を構成することに適しています。

## アーキテクチャ

　Hyperledger Fabric v1.0のアーキテクチャについて説明していきます。Hyperledger Fabricのネットワークは、ピア（Peer）、オーダラー（Orderer）、クライアント（Client）の役割の違う3種類のノードから構成されます。

### ● ピア

　トランザクションの履歴および「状態」と呼ばれるユーザデータの2つを格納している台帳を管理します。また各ピアには、チェーンコードと呼ばれるスマートコントラクトがインストールされます。チェーンコードはクライアントから呼び出される（トランザクションの実行）ことで、台帳を更新します。

### ● オーダラー

　トランザクションを集めてブロックを作成し、各ピアに送信するノードです。オーダラーはすべてのピアに同じ順番でブロックを配送することができる、**アトミックブ**

ロードキャストと呼ばれる仕組みが実装されたオーダリングサービスを提供します。

### ◉ クライアント

トランザクション呼び出し（インストールされたチェーンコードの実行）をピアに送信し、トランザクション提案をオーダーに行うノードです。

#### Hyperledger Fabric のアーキテクチャ構成

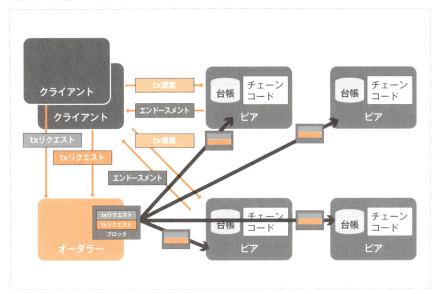

## データ構造

　Hyperledger Fabricでは、チェーンコードによって分散台帳が持つ状態を読み出したり、更新したりできます。この状態のことを**ワールドステート**と呼び、チェーンコードのインスタンスごとに、キーバリュー形式のデータ構造になっています。

　ワールドステートの値はバージョン管理されています。例えば、以下のようなワールドステートを持つ、ある野球チームの年俸を扱うチェーンコードがあるとします。

| キー | 値 | | | | |
|---|---|---|---|---|---|
| Ishida | バージョン | 0 | 1 | 2 | 3 |
| | 値 | 12000000 | 18000000 | 48000000 | 60000000 |
| Shibata | バージョン | 0 | 1 | | |
| | 値 | 10000000 | 23000000 | | |
| Yamasaki | バージョン | 0 | 1 | 2 | |
| | 値 | 15000000 | 50000000 | 80000000 | |

「状態の取得」とは、あるキーに対応する最新の値を読み取ることです。例えば以下のコードでは「Yamasaki」に対応する最新の値である、80000000を取得できます。

**「Yamasaki」の状態を取得**

```
salaryAsBytes, _ := stub.GetState("Yamasaki")
```

また、「状態の更新」とは、あるキーのバージョンを上げ、新しい値を設定することです。以下のコードでは「Yamasaki」の最新バージョンの値を100000000にしようとしています。

**「Yamasaki」の状態を更新**

```
newSalaryAsBytes := []bytes(strconv.Itoa(100000000))
stub.PutState("Yamasaki", newSalaryAsBytes)
```

## ◉ トランザクションと合意形成

トランザクション実行は、**トランザクション内容の合意** のステップと、**トランザクション順番の合意** のステップの2つからなります。次のシーケンス図をもとに順を追って説明します。

## シーケンス図

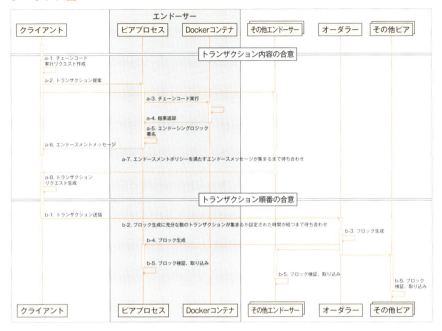

## ● トランザクション内容の合意

クライアントはチェーンコード実行リクエストを作成し（シーケンス図a-1）、ピアのうちいくつかに、トランザクション提案メッセージを送付して（シーケンス図a-2）エンドース（トランザクション実行結果に対する承認に相当）を依頼します。エンドースを行うピアのことを**エンドーサー**といいます。クライアントはエンドーサーを、後で説明するエンドースメントポリシーを満たすように選択します。

エンドースでは、エンドーサー内のDockerコンテナ上でトランザクションの仮実行としてチェーンコードを実行します（シーケンス図a-3）。チェーンコードのロジックとして、状態を取得したり、更新しようとするAPIが呼ばれますが、**この時点では実際の台帳の値は変更されません**。チェーンコードの中で読み取ったキーと読み取り時のバージョンの集合（リードセット）および更新するキーと値の集合（ライトセット）を含んだ結果メッセージを作成します（シーケンス図a-4）。リードセットとライトセットをJSONで表すと以下のようなイメージです。

## リードセットとライトセットのイメージ（JSON）

```
{
    read_set: [
        {key: "Ishida", version: 3},
        {key: "Yamasaki", version: 2}
    ],
    write_set: [
        {key: "Yamasaki", value: 100000000},
        {key: "Shibata", isDelete: true}
    ]
}
```

　エンドーサーでは、エンドーシングロジックによりトランザクションを受け入れるか否かを判定します。受け入れるなら、結果メッセージと結果メッセージの署名を含んだエンドーシングメッセージを作成し、クライアントに返却します（シーケンス図a-5）（シーケンス図a-6）。既定のエンドーシングロジックではなにも判定は行わず、単純に署名するだけです。例えば判定のために外部のシステムとやりとりするなどの処理を実装することもできます。

　クライアントはエンドーサーから、エンドースメントポリシーを満たす署名付きメッセージが集まるまで待ち合わせます（シーケンス図a-7）。エンドースメントポリシーとは、チェーンコードに設定された、「あるトランザクションをコミットするために、どのようなエンドーサーの署名付きメッセージが必要か」を表す条件です。例えば以下のような条件式で表されます。

## エンドースメントポリシーの例

```
AND('Org1.member', 'Org2.member', 'Org3.member')
```

　これは「このチェーンコードのトランザクションをコミットするには、Org1のメンバの署名と、Org2のメンバの署名と、Org3のメンバの署名が必要」ということを示します。よってクライアントはエンドースメントポリシーを満たすように、ピアを選んでエンドースを依頼します。

　十分なエンドーサーの署名付きメッセージが集まったならば、トランザクションリ

クエストを生成します（シーケンス図a-8）。

## ⊙ トランザクション順番の合意

クライアントはトランザクションリクエストをオーダラーに送信します（シーケンス図b-1）。オーダラーは前回のブロック生成から設定された時間が経つか、充分な数のトランザクションを受信するまで待ち合わせます（シーケンス図b-2）。条件を満たすと、トランザクションをまとめてブロックを生成します（シーケンス図b-3）。

オーダラーは各ピアにブロックを配送します（シーケンス図b-4）。オーダラーはすべてのピアに同じ順番でブロックを配送することができます（ここでPBFTなどの合意形成アルゴリズムが用いられる場合があります。v1.0ではApache Kafkaが動作します）。

ブロックが配送された各ピアは、その中の各トランザクションを適用していきます（シーケンス図b-5）。すべてのトランザクションが反映されるわけではありません。トランザクションには、先ほどエンドースの部分で生成したリードセットとライトセットが含まれています。**最新バージョンではない読み取りバージョンを含むリードセットを持つトランザクションは反映されません**。例えば、ワールドステートが以下の状態であるとします。

| キー | バージョン | 値 |
| --- | --- | --- |
| Ishida | 3 | 60000000 |
| Shibata | 2 | 23000000 |
| Yamasaki | 1 | 80000000 |

以下3つの順番のトランザクションが含まれるブロックを受信したときの動作を考えてみましょう。

### 受信したブロック内のトランザクション

```
Tx1:
{
    read_set: [
        {key: "Ishida", version: 3}
```

```
    ],
    write_set: [
        {key: "Ishida", value: 70000000}
    ]
}


Tx2:
{
    read_set: [
        {key: "Ishida", version: 3}
    ],
    write_set: [
        {key: "Ishida", value: 80000000}
    ]
}

Tx3:
{
    read_set: [
        {key: "Yamasaki", version: 2}
    ],
    write_set: [
        {key: "Yamasaki", value: 100000000}
    ]
}
```

　Tx1はキー「Ishida」に対するバージョン3を読み取っていて、これはワールドステートと同じなので、「Ishida」に対する値70000000への更新は行われます。この結果「Ishida」のバージョンは4になります。

　Tx2はキー「Ishida」に対しバージョン3を読み取っていますが、ワールドステートのバージョンは4なので最新ではありません。よってこのトランザクションは適用されません。

　Tx3はキー「Ishida」ではなく「Yamasaki」の対しバージョン2を読み取っています。これは最新のバージョンなので、「Yamasaki」に対する値100000000への更新は行わ

れます。

以上より、このブロックを取り込んだ結果、Tx1とTx3の2つのトランザクションが適用され、最終的なワールドステートは以下になります。

| キー | バージョン | 値 |
|---|---|---|
| Ishida | 4 | 70000000 |
| Shibata | 2 | 23000000 |
| Yamasaki | 3 | 100000000 |

## 実行環境構築

Ubuntu 16.04 LTSでHyperledger Fabric v1.0.5の実行環境を作成します。手順やソフトウェアバージョンが変更される場合がありますので、併記しているURLを確認しながら実施することをおすすめします。

### ◉ 前提ソフトウェアのインストール

動作の前提となるソフトウェアをインストールします。パッケージマネージャでインストールできるものはバージョンが古いので、各ソフトウェアのWebサイトのインストール方法を参照してインストールしてください。

- **cURL**
- **Docker 17.03.0-ce以上**
- **Docker Compose 1.8以上**
- **Go言語1.7.x**（**Go言語インストールディレクトリを環境変数GOPATHとして指定してください**）
- **Node.js 6.9.x以上**（**7.xはサポートしていません**）
- **npm**

なお、以降の手順ではスクリプト内でDockerのコマンドが実行されますが、Dockerの各コマンドはdockerグループに所属しない一般ユーザが実行するとエラーになります。以下手順でユーザをdockerグループに所属させて実行可能にしてください。ロ

グインし直すことで有効になります。

#### docker グループに所属させるコマンド

```
sudo gpasswd -a <ユーザ名> docker
```

docker グループのユーザはroot ユーザ相当の権限を持つことになります。詳しくは以下URL を参照してください。

```
https://docs.docker.com/engine/installation/linux/linux-
postinstall/#manage-docker-as-a-non-root-user
```

また、以降の手順ではスクリプト内でDocker イメージを Docker Hub から取得しますが、プロキシ経由でインターネットに接続する環境では、Docker daemonに以下手順で環境変数「HTTP_PROXY」を設定する必要があります。

#### ❶ docker サービス用のディレクトリを作成

docker サービス用のsystemd ドロップインディレクトリを作成します。

#### docker サービス用の systemd ドロップインディレクトリを作成するコマンド

```
> sudo mkdir -p /etc/systemd/system/docker.service.d
```

#### ❷環境設定変数を記述

/etc/systemd/system/docker.service.d/http-proxy.conf ファイルに以下の環境変数設定を記述します。

#### 環境変数設定

```
[Service]
Environment="HTTP_PROXY=http://<プロキシサーバのホスト名 or IPアドレス>:<プ
ロキシサーバのポート>/"
```

#### ❸変更の反映

変更を反映させます。

Hyperledger Fabricとは？ 7-2

### 変更を反映するコマンド

```
> sudo systemctl daemon-reload
> sudo systemctl restart docker
```

詳しくは以下URLを参照してください。

```
https://docs.docker.com/engine/admin/systemd/#httphttps-proxy
```

## ◉ クイックスタート環境の作成

Hyperledger Fabricのドキュメントを元にクイックスタート環境を作成します。第8章および第9章ではこの環境を使用してチェーンコードを開発します。

まず、プラットフォーム固有のバイナリをダウンロードします。この過程の中で、Docker HubからのDockerイメージの取得が行われます。

### Docker イメージの取得

```
> curl -sSL https://goo.gl/byy2Qj | bash -s 1.0.5
```

続いて、適当なディレクトリに移動して、サンプルコードをgit cloneします。

### サンプルコードを git clone

```
> cd /foo/bar
> git clone https://github.com/hyperledger/fabric-samples.git
> cd fabric-samples
```

以後、fabric-samplesディレクトリを **<SAMPLES_PATH>** と書くことにします。

## ◉ サンプルネットワークの起動とサンプルアプリケーションの実行

クライアントアプリケーションの動作に必要なNode.jsのライブラリをインストールします。

### Node.js のライブラリのインストール

```
> cd fabcar
> npm install
```

　続いて、サンプルネットワークを起動します。この中で、fabcarという名前のサンプルチェーンコードのインストールとインスタンス化、および初期化関数の呼び出しが行われます。

### サンプルネットワークを起動

```
> ./startFabric.sh
```

Adminユーザのエンロールを行います。

### Admin ユーザのエンロールを実行

```
> node enrollAdmin.js
```

user1の登録とエンロールを行います。

### user1 の登録とエンロールを実行

```
> node registerUser.js
```

　クエリを実行します。fabcarチェーンコードのqueryAllCars関数が呼び出されます。

### クエリの実行

```
> node query.js
```

　fabcarは自動車を扱うチェーンコードです。クエリに成功すれば以下のようにすべての自動車の情報が取得できます。

### クエリの実行結果

```
Store path:/foo/bar/fabric-samples/fabcar/hfc-key-store
```

## Hyperledger Fabricとは？ 7-2

```
Successfully loaded user1 from persistence

Query has completed, checking results

Response is  [{"Key":"CAR0", "Record":{"colour":"blue","make":"Toyot
a","model":"Prius","owner":"Tomoko"}},{"Key":"CAR1", "Record":{"colo
ur":"red","make":"Ford","model":"Mustang","owner":"Brad"}},{"Key":"C
AR2", "Record":{"colour":"green","make":"Hyundai","model":"Tucson","
owner":"Jin Soo"}},{"Key":"CAR3", "Record":{"colour":"yellow","make"
:"Volkswagen","model":"Passat","owner":"Max"}},{"Key":"CAR4", "Recor
d":{"colour":"black","make":"Tesla","model":"S","owner":"Adriana"}},
{"Key":"CAR5", "Record":{"colour":"purple","make":"Peugeot","model":
"205","owner":"Michel"}},{"Key":"CAR6", "Record":{"colour":"white","
make":"Chery","model":"S22L","owner":"Aarav"}},{"Key":"CAR7", "Recor
d":{"colour":"violet","make":"Fiat","model":"Punto","owner":"Pari"}}
,{"Key":"CAR8", "Record":{"colour":"indigo","make":"Tata","model":"N
ano","owner":"Valeria"}},{"Key":"CAR9", "Record":{"colour":"brown","
make":"Holden","model":"Barina","owner":"Shotaro"}}]
```

fabricのクライアントはgRPCライブラリを使って通信します。gRPCライブラリは
http_proxy環境変数が設定されているとプロキシ経由で通信しようとします。以下の
ように失敗する場合は、http_proxyの影響が考えられますので、いったん解除するか、
環境変数no_proxyとしてlocalhostを設定して実行してください。

### プロキシのエラー

```
error: [client-utils.js]: sendPeersProposal - Promise is rejected:
Error: Connect Failed
    at /foo/bar/fabric-samples/fabcar/node_modules/grpc/src/client.
js:554:15

Query has completed, checking results

error from query =  { Error: Connect Failed
    at /foo/bar/fabric-samples/fabcar/node_modules/grpc/src/client.
js:554:15 code: 14, metadata: Metadata { _internal_repr: {} } }
```

続いてトランザクションを呼び出します。invoke.jsの61行目から68行目付近をエ
ディタで書き換えます。requestオブジェクトのfncに 'createCar'、argsに ['CAR10',
'Chevy', 'Volt', 'Red', 'Nick']を指定してください。

**7**

ブロックチェーンソフトウェアの例

173

**invoke.js（61 行目〜）**

```
var request = {
    //targets: let default to the peer assigned to the client
    chaincodeId: 'fabcar',
    fcn: 'createCar',
    args: ['CAR10', 'Chevy', 'Volt', 'Red', 'Nick'],
    chainId: 'mychannel',
    txId: tx_id
};
```

ファイルを書き換えて保存したら、invoke.js を実行してください。

**invoke.js を実行**

```
> node invoke.js
Store path:/foo/bar/fabric-samples/fabcar/hfc-key-store
Successfully loaded user1 from persistence
Assigning transaction_id:  922cff2cc857a5a7317cbc184b27708d6601f6629
4f799ed0f61d39a065a17da
Transaction proposal was good
Successfully sent Proposal and received ProposalResponse: Status
- 200, message - "OK"
info: [EventHub.js]: _connect - options {}
The transaction has been committed on peer localhost:7053
Send transaction promise and event listener promise have completed
Successfully sent transaction to the orderer.
Successfully committed the change to the ledger by the peer
```

　エラーなく実行できれば、CAR10 が追加登録されているはずです。query.js を実行して確かめてください。

**query.js を実行**

```
> node query.js
(...省略...)
```

Hyperledger Fabricとは？ 7-2

```
Response is  (...省略...) {"Key":"CAR10", "Record":{"colour":"Red","m
ake":"Chevy","model":"Volt","owner":"Nick"}},
```

(...省略...)

## ◉ myquery.js と myinvoke.js の作成

サンプルアプリケーション付属のquery.jsおよびinvoke.jsは特定のチェーンコードの特定の関数しか呼び出せませんでした。改造して任意のチェーンコードを呼び出せるスクリプトにします。

query.jsをmyquery.js、invoke.jsをmyinvoke.jsという名前でコピーします。

### サンプルプログラムを別名でコピー

```
> cp query.js myquery.js
> cp invoke.js myinvoke.js
```

myquery.jsおよびmyinvoke.js両方のスクリプトファイルの冒頭部分（'use strict' よりは下の部分）に、第1引数をchaincode_id、第2引数をfunction_name、第3引数以降をfunction_argsに、それぞれ代入するコードを追加します。

### 追加するコード

```
// read args
var node = process.argv.shift();
var script = process.argv.shift();
var chaincode_id  = process.argv.shift();
var function_name = process.argv.shift();
var function_args = process.argv;

if (!chaincode_id || !function_name) {
        console.error('chaincode_id or function_name is not
specified.');
        console.error('Usage:');
        console.error('%s %s <chaincode_id> <function_name> [<args1>
<args2> <args3> ...]', node, script);
        process.exit(-1);
}
```

175

requestオブジェクト作成部分で、代入した変数を参照するように書き換えます。

**myquery.js**

```
const request = {
        //targets : --- letting this default to the peers
assigned to the channel
        chaincodeId: chaincode_id,
        fcn: function_name,
        args: function_args
};
```

**myinvoke.js**

```
var request = {
        //targets: let default to the peer assigned to the
client
        chaincodeId: chaincode_id,
        fcn: function_name,
        args: function_args,
        chainId: 'mychannel',
        txId: tx_id
};
```

改造したスクリプトの動作確認をします。queryCarは自動車1台を取得する関数です。CAR0の情報を取得してみます。ownerはTomokoになっています。

**myquery.js の queryCar 関数を実行**

```
> node myquery.js queryCar CAR0
Store path:/foo/bar/fabric-samples/fabcar/hfc-key-store
Successfully loaded user1 from persistence
Query has completed, checking results
Response is  {"colour":"blue","make":"Toyota","model":"Prius","owner
":"Tomoko"}
```

changeCarOwnerという関数でCAR0のownerをKeisukeに変更します。

Hyperledger Fabricとは？ 7-2

### myinvoke.js の changeCarOwner 関数を実行

```
> node myinvoke.js fabcar changeCarOwner CAR0 Keisuke
Store path:/foo/bar/fabric-samples/fabcar/hfc-key-store
Successfully loaded user1 from persistence
Assigning transaction_id:  1d0ea10eb623384d77ac47d6c4859e67b82af6774
0335d773625eaeaff6471bd
Transaction proposal was good
Successfully sent Proposal and received ProposalResponse: Status
- 200, message - "OK"
info: [EventHub.js]: _connect - options {}
The transaction has been committed on peer localhost:7053
Send transaction promise and event listener promise have completed
Successfully sent transaction to the orderer.
Successfully committed the change to the ledger by the peer
```

もう一度queryCarを実行し、変更が反映されたことを確認します。

### myquery.js の queryCar 関数を実行

```
> node myquery.js fabcar queryCar CAR0
Store path:/foo/bar/fabric-samples/fabcar/hfc-key-store
Successfully loaded user1 from persistence
Query has completed, checking results
Response is  {"colour":"blue","make":"Toyota","model":"Prius","owner
":"Keisuke"}
```

ここで作成したmyquery.jsとmyinvoke.jsは第8章および第9章で再度使用します。

## ◉ チェーンコードインストールスクリプトの作成

第8章および第9章で作成するチェーンコードをインストール、インスタンス化するためのスクリプトを作成します。<SAMPLES_PATH>/fabcarに以下のスクリプトをinstall.shという名前で保存してください。

177

## install.sh

```bash
#!/bin/bash
set -e

if [ -z "$1" ]; then
    echo "Please specify chaincode_id as arg."
    exit
fi
chaincode_id=$1
if [ -z "$2" ]; then
    version_id=1.0
else
    version_id=$2
fi
if [ "$3" = "upgrade" ]; then
    instantiate_or_upgrade=upgrade
else
    instantiate_or_upgrade=instantiate
fi

# install chaincode
docker exec -e "CORE_PEER_LOCALMSPID=Org1MSP" -e "CORE_PEER_
MSPCONFIGPATH=/opt/gopath/src/github.com/hyperledger/fabric/peer/
crypto/peerOrganizations/org1.example.com/users/Admin@org1.example.
com/msp" cli peer chaincode install -n $chaincode_id -v $version_id
-p github.com/$chaincode_id

docker exec -e "CORE_PEER_LOCALMSPID=Org1MSP" -e "CORE_PEER_
MSPCONFIGPATH=/opt/gopath/src/github.com/hyperledger/fabric/peer/
crypto/peerOrganizations/org1.example.com/users/Admin@org1.example.
com/msp" cli peer chaincode $instantiate_or_upgrade -o orderer.
example.com:7050 -C mychannel -n $chaincode_id -v $version_id -c
'{"Args":[""]}' -P "OR ('Org1MSP.member','Org2MSP.member')"

echo "installing $chaincode_id is successful(version=$version_id)"
```

Hyperledger Fabricとは？ 7-2

chmodで実行権を付けて、他のサンプルチェーンコードである marbles02 をインストールしてみてください。

### marbles02 をインストール

```
> chmod +x install.sh
> ./install.sh marbles02
(省略)
installing marbles02 is successful(version=1.0)
```

## ◉ ネットワークの停止

<SAMPLES_PATH>/basic-network/teardown.sh を実行すればピアやオーダラーなどのDockerコンテナは停止しますが、チェーンコードのコンテナが残存してしまいます。<SAMPLES_PATH>/fabcar に以下のスクリプトを stopFabric.sh という名前で保存してください。

### stopFabric.sh

```
#!/bin/bash
# stop and delete chaincode container
docker rm -f $(docker ps -aq -f name=dev-peer0.org1.example.com-)
# stop and delete other containers and delete chaincode container
image
cd ../basic-network
./teardown.sh
```

実行権を付けて実行してください。Dockerコンテナがすべて停止し、fabcarとmarbles02のDockerイメージが削除されれば成功です。

### stopFabric.sh を実行

```
> chmod +x stopFabric.sh
> ./stopFabric.sh
851201808e42
f7355e3f0238
```

7

ブロックチェーンソフトウェアの例

179

```
Killing cli ... done
Killing peer0.org1.example.com ... done
Killing ca.example.com ... done
Killing couchdb ... done
Killing orderer.example.com ... done
Removing cli ... done
Removing peer0.org1.example.com ... done
Removing ca.example.com ... done
Removing couchdb ... done
Removing orderer.example.com ... done
Removing network net_basic
Untagged: dev-peer0.org1.example.com-marbles02-1.0-711ba151b5c9cb3b6
419ef1bb1cfbc8ec4cf1aa1709aa0deceb9ccf232b56cc1:latest
Deleted: sha256:3a8a3b21024560394303b3e45e17795a8c077fb70ec0dd221d1d
3990675e4f78
Deleted: sha256:04184053e02002d9601a205d47d3c2046e5a3a432d5abfa1378e
325a27dd4f75
Deleted: sha256:9de00a2243c762c6711bbaf659fe2d805da4bdd11c0ff54d443d
91c40a3cf7e6
Deleted: sha256:fbd33d746d987276422daadd7d33fbfb9264da36cf789782ad16
9e0c0fd16355
Untagged: dev-peer0.org1.example.com-fabcar-1.0-5c906e402ed29f20260a
e42283216aa75549c571e2e380f3615826365d8269ba:latest
Deleted: sha256:b3a7c557e5da06070039981be3ee1e57c67425a55fd183d775df
bee65253455b
Deleted: sha256:5ca6f8a13692e630b8a57f6010c0cadfad4a7a0f04b8567f6f40
30f25a228c65
Deleted: sha256:2984f00d07fbd3bd9d5237551a7df23d8a969df128241aa47dad
e27b04ec638f
Deleted: sha256:3aed377f9201291f1c609479d470bea028e826503c1b6859bbe2
00c4bb92ca94
```

　再度起動するときは、startFabric.sh を実行し直してください。その際、Admin ユー
ザのエンロールと user1 の登録とエンロールは行う必要がありません。

# ブロックチェーンを
# 使ってみよう❶
## ～データ共有篇～

ブロックチェーンの特徴をより理解するには実際に
使ってみることも重要です。この第8章と続く第9
章では、ブロックチェーンを用いたアプリケーショ
ンの例を紹介していきます。本章ではブロックチェー
ンの「分散台帳によるデータの共有」に着目し
た簡単なアプリケーションを紹介します。

Chapter

8

# 会議室予約システムを実装する

## 会議室予約システムの概要

　この章ではまず、ブロックチェーンの「分散台帳によるデータ共有」という点を利用したアプリケーションとして「会議室予約システム」を実装します。さまざまな人たちと共有するオープンな会議室をイメージし、その予約を行うためのシステムです。サンプルはブロックチェーンの動作を理解することを目的とし、説明をわかりやすくするために簡素化しています。

　大まかなシステムの概要は以下の図のとおりです。

### 会議室予約システムの大まかな概要

　このシステムでは、ブロックチェーン上に実装された会議室予約システムに対して、複数人が会議室を事前に予約し、予約した日時に利用することを想定しています。ここでは、2つの情報をブロックチェーン上に記録していきます。1つは会議室使用の予約情報です。各会議室に対して「会議室の予約日時」、「会議室の予約申請をしたユー

ザのID」の２つをセットとした予約データを記録していきます。もう１つは会議室の利用履歴です。「会議室使用を申請した時間」、「会議室の使用申請をしたユーザのID」をセットとした利用履歴データを記録していきます。利用履歴は実際に予約された会議室が実際に利用されたかを確認するためのものです。

## 処理の流れ

### ❶会議室の予約

まずユーザは、会議室と日時を指定して予約のリクエスト（予約トランザクション）をブロックチェーンネットワーク上に送ります。

### ❷予約状況の確認、予約情報の記録

予約トランザクションがブロックチェーンのブロック内に登録されるとき、会議室予約システムはそのトランザクションの内容で予約可能か（その会議室・日時に他に予約されていないか）を確認し、予約可能であればブロックチェーンのブロック内に予約情報を記録します。

### ❸会議室の使用申請

予約した日時にユーザが実際に会議室を利用する際には会議室使用のリクエスト（使用申請トランザクション）をブロックチェーンネットワーク上に送ります。

### ❹予約状況の確認、使用履歴の記録

会議室予約システムは、ブロック内に登録された使用申請トランザクションに対してそのトランザクションを送ったユーザが事前に予約していたかを予約情報から確認し、ブロック内に記録されていれば使用を許可します。その際、会議室使用リクエストが送られた時間を会議室使用履歴のタイムスタンプとしてユーザIDとともにブロックチェーン上に記録します。

### ❺予約情報、使用履歴の出力

ブロックチェーンに保存されている会議室予約システムの予約情報と使用履歴を出力します。

# イーサリアムで実装してみよう

## Solidityで会議室予約システムを実装する

　ここからイーサリアムでの「会議室予約システム」の実装例を紹介していきます。実装例の中のSolidity独自の変数や構文に関する詳細な説明は省略していますので公式のWebドキュメントを参照してください。また、Solidityは比較的新しい言語のため、頻繁に仕様が変更されます。今後の仕様変更によりここに書かれているコードが使用できなくなる場合がありますのでご注意ください。また、本節で解説する会議室予約システムのソースコード「reserveRoom.sol」は、P.259の手順でダウンロード可能なので、本書と照らし合わしながら確認してみてください。

## address型とmapping型

　まずシステムに必要な変数や構造体を説明する前に、イーサリアムの実装言語であるSolidityで使われる変数の型について、以下の表にまとめました。

| 型 | 扱うデータ |
|---|---|
| address型 | イーサリアムアカウントのアドレスである20バイトの値を保持します。 |
| mapping型 | 連想配列・ディクショナリ等と呼ばれるデータ型と同様であり、ある変数に対応する値を返します。 |

　下記の実装例のmapping型の変数roomDataは、string型の文字列をキーとしてそれに対応する構造体RoomInfoのデータを返します。

イーサリアムで実装してみよう **8-2**

## mapping 型変数の使用例（reserveRoom.sol）

```solidity
pragma solidity ^0.4.15;

//会議室予約システム
contract ReserveRoom {
    address owner; //システム管理者のアドレス
    //会議室名
    string[] public rooms = ["roomA", "roomB", "roomC"];
    struct ReservationData { //予約情報の構造体
        uint reserveStart; //使用開始時間(UNIX時間)
        uint reserveEnd; //使用終了時間
        address user; //ユーザアドレス
    }
    struct UsageData { //利用履歴の構造体
        uint usageTime; //使用申請を出した時間
        address user; //ユーザアドレス
    }
    struct RoomInfo { //各会議室のデータ
        ReservationData[] reservationDB;
        UsageData[] usageLog;
        bool isValue;
    }
    //会議室名から会議室データへのマッピング
    mapping(string => RoomInfo) roomData;
```

## modifierとeventの定義

　次にmodifierとeventを定義します。modifierは関数の一種ですが通常の関数とは異なり、主に関数の実行を制御するために使用されます。modifierの中に条件式を定義し、他の通常の関数にmodifierを設定することで、関数が実行される前にmodifierの中の条件式が実行され、その条件式を満たした場合のみ関数が実行されます。多くの場合ではmodifireの中にrequire関数を設定しています。require関数は、引数の条

件式がfalseの場合にそこでトランザクションの実行を止めて、そこまでのトランザクションの状態変化もなかったことにします（ロールバックされます）。注意としては、トランザクションの実行による状態変化は行われませんが、ブロックにはトランザクションとして取り込まれます。require関数でトランザクションの実行が止まるまでに使用されたgas（手数料）はマイナー（採掘者）に渡ります。

　eventは簡単にいうとブロックチェーン上にログを残すためのものです。関数の中にeventを配置し、実行時に呼び出されるとeventの引数にある変数の値をイベントログとして保存します。イーサリアムのブロックチェーンには、ネットワーク上に送られてきたトランザクションだけでなく、トランザクションの実行結果も記録されており、イベントログはそこに記録されます。イベントログはイーサリアムのJavaScript APIを利用してログを取得したり監視したりすることが可能です。例えば、あるコントラクトの特定のイベントが発生したときにそのログを表示したり、ログに保存されている値に応じて何か処理を行ったりといったシステムをイーサリアムの外で構築することができます。

### modifier と event を定義する

```
modifier isExist(string _room) {
    //_roomがコントラクト内の配列roomData内に登録されているかチェック
    require (roomData[_room].isValue == true);
    _;
}


modifier isOwner() {
    //トランザクションの送信者のアドレス(msg.sender)が変数ownerの値と一致
しているかチェック
    require (msg.sender == owner);
    _;
}

//イベント
event ReserveLog(string _room, uint _start, uint _end,
  address _user);
event RoomUsageLog(uint _time, address _user);
```

イーサリアムで実装してみよう **8-2**

## コンストラクタ

　下記はコントラクトのコンストラクタ部分です。ここでは、コントラクトをブロックチェーン内に生成（デプロイ）したアカウントをシステムのオーナー（管理者）として登録するため、そのアカウントのアドレスをアドレス型変数ownerに代入します。

### コントラクトのコンストラクタ

```
//コンストラクタ
function ReserveRoom() {
    for (uint i = 0; i < rooms.length; i++) {
        roomData[rooms[i]].isValue = true;
    }
    owner = msg.sender;
}
```

## offer関数とisReserved関数

　予約のリクエストを送るために、ユーザはoffer関数を実行するトランザクションを生成します。offer関数では、引数として利用開始・利用終了の日時と会議室名を指定しています。イーサリアムブロックチェーンでの標準の時間データの保持形式はUNIX時間形式（uint型）のみなので、日時の引数である利用開始・利用終了の日時もUNIX時間で指定しています。実際にシステムとして利用する際は、ユーザの入力した日時をUNIX時間形式に変換する処理を新たにSolidity側で実装するか、システムのインターフェース側で実装する必要があるでしょう。

　offer関数内で呼ばれるisReserved関数によって、ユーザが指定した時間に他の予約が入っていないかを確認します。注意点として、if文の条件部分に「now」という変数があります。これはblock.timestampのエイリアスであり、このoffer関数を実行するトランザクションが含まれているブロックに付与されているタイムスタンプの時間となります。よってこの時間はマイナーによって決められた時間であり、ユーザがトランザクションを生成してネットワークに送った時間ではないということです。通常はマイナーがマイニング（採掘）に使用している計算機に設定されている時間であり、正確なUNIX時間と大きく値が異なるという状況はイーサリアムの仕様上あり得ません

**8**

ブロックチェーンを使ってみよう **❶**

187

が、多少の時間であればマイナーはタイムスタンプの時間を故意にずらすことが可能であるということは、考慮しなくてはなりません。

## 予約を行う offer 関数と予約状況を確認する isReserved 関数

```
//会議室の予約
function offer(uint _start, uint _end, string _room)
    isExist(_room)
    public
    returns(bool)
{
    if (now > _start || isReserved(_start,_end,_room) == true) {
        return false;
    } else {
        roomData[_room].reservationDB.push(
            ReservationData({
                reserveStart : _start,
                reserveEnd : _end,
                user : msg.sender
            })
        );
        ReserveLog(_room, _start, _end, msg.sender);
        return true;
    }
}


//誰かが_startから_endの日時に予約していればtrue
function isReserved(uint _start, uint _end, string _room)
    internal
    constant
    returns(bool)
{
    for (uint i = 0;
        i < roomData[_room].reservationDB.length;i++) {
        if (
            _start<roomData[_room].reservationDB[i].reserveEnd &&
```

イーサリアムで実装してみよう **8-2**

```
            _end>roomData[_room].reservationDB[i].reserveStart
        ) return true;
    }
    return false;
}
```

## use関数とisAvailable関数

　実際に会議室を利用する際に、ユーザはuse関数を実行するトランザクションを生成して利用申請します。引数として指定した会議室名が、トランザクションが承認される時点の時間においてユーザが予約しているかをisAvailable関数でチェックし、適切に予約されていれば利用履歴を記録します。

**利用申請をするuse関数とその日時に予約されているかを検証するisAvailable関数**

```
//利用申請
function use(string _room)
    isExist(_room)
    public
    returns(bool)
{
    uint time = now;
    if (isAvailable(time, _room) == true) {
        roomData[_room].usageLog.push(
            UsageData({
                usageTime : time,
                user : msg.sender
            })
        );
        RoomUsageLog(time, msg.sender);
        return true;
    }
    return false;
}
```

**8**

ブロックチェーンを使ってみよう❶

189

```
//自分が_timeの日時に予約していればtrue
function isAvailable(uint _time, string _room)
    internal
    constant
    returns(bool)
{
    for (uint i = 0;
      i < roomData[_room].reservationDB.length;i++) {
        if (
          _time>=roomData[_room].reservationDB[i].reserveStart &&
          _time<=roomData[_room].reservationDB[i].reserveEnd &&
          msg.sender == roomData[_room].reservationDB[i].user
        )
            return true;
    }
    return false;
}
```

# getReservationDB関数とgetUsageLog関数

getReservationDB 関数と getUsageLog 関数はそれぞれコントラクトに保存されている予約情報と利用履歴を出力します。

### 予約情報と利用履歴を出力する getReservationDB 関数と getUsageLog 関数

```
//予約情報の出力
function getReservationDB(string _room) isExist(_room) public {
    for (uint i = 0;
      i < roomData[_room].reservationDB.length;i++) {
        ReserveLog(
            _room,
            roomData[_room].reservationDB[i].reserveStart,
            roomData[_room].reservationDB[i].reserveEnd,
```

イーサリアムで実装してみよう **8-2**

```
            roomData[_room].reservationDB[i].user
        );
    }
}

//利用履歴の出力
function getUsageLog(string _room) isExist(_room) public {
    for (uint i = 0; i < roomData[_room].usageLog.length; i++) {
        RoomUsageLog(
            roomData[_room].usageLog[i].usageTime,
            roomData[_room].usageLog[i].user
        );
    }
}
```

---

## cleanObsolete関数

　これで予約システムのコントラクトの基本的な実装は完了ですが、このままの実装で利用し続けていると、古い予約情報は消えずに残ります。残り続けることによって問題になってくるのが、isReserved関数でのfor文のループ回数が増えていく点です。

### isReserved 関数の中の for ループ

```
for (uint i = 0; i < roomData[_room].reservationDB.length; i++)
```

　イーサリアムでは実行ステップが多くなればなるほどトランザクションの手数料が増えてしまい、場合によってはトランザクション自体が無効になってしまいます。なので、cleanObsolete関数を用いて古い予約を削除します。この関数は自動で実行されるわけではないので、管理者による定期的な実行が求められます。

### 古い予約を削除する cleanObsolete 関数

```
//古い予約の削除
function cleanObsolete(string _room)
    isOwner
```

191

```
    isExist(_room)
    public
    returns (bool)
{
    ReservationData[] storage reserves =
      roomData[_room].reservationDB;
    ReservationData[] memory effectiveReserves =
      new ReservationData[](reserves.length);
    uint effectiveReserveCount = 0;
    for (uint i = 0; i < reserves.length; i++) {
        if (reserves[i].reserveEnd > now) {
            effectiveReserves[effectiveReserveCount]
              = reserves[i];
            effectiveReserveCount++;
        }
    }
    reserves.length = 0;
    for (i = 0; i < effectiveReserveCount; i++) {
        reserves.push(effectiveReserves[i]);
    }

    return true;
}
```

　cleanObsolete関数の説明を読んで、「データを改ざんできないのがブロックチェーンの特長なのに、データを消せるなんておかしいのではないか」と思った方もいるかもしれません。確かに変数上では消えていますが、予約時に出力されているイベントログは消去されません。イベントログとしてブロックチェーン上にきちんとデータは残っているため、予約したという事実は消えることはありません。

## 会議室予約コントラクトの実行

　前章で紹介した開発環境であるRemixで実際にコントラクトを実行してみます。Remixではイーサリアムのブロックチェーンネットワークに繋がずに、バーチャルマ

シン上でスマートコントラクトの動作の確認や実行が可能ですが、ここではテスト用に構築したプライベートのブロックチェーンネットワークで動作させます。右上の［Environment］のプルダウンメニューから「Web3 Provider」を選択して、自分のプライベートネットワークのノードに接続します。「JavaScript VM」を選択すればブロックチェーンネットワークには接続せずにバーチャルマシン上で完結して動作します。以降の作業はJavaScript VMでも問題なくスマートコントラクトの動作確認を行なえますが、ブロックチェーンの性質を含めたスマートコントラクトの動きを深く理解するためにも、ブロックチェーンネットワークを構築してみるのがよいでしょう。

Environmentのプルダウンメニュー

## ● コントラクトのデプロイ

中央のエディタ領域にRoomReservationSystemコントラクトのコードを入力してコントラクトをインストールし、デプロイします。

コントラクトをデプロイ

## ● 予約の実行

offer関数を実行します。右側の領域にある［offer］ボタンの右の入力欄に使用開始の時間、使用終了の時間、会議室名を入力し、［offer］ボタンを押してください。なお

時間についてはUNIX時間で指定し、会議室名についてはダブルクォーテーションでくくってください。

[offer]ボタンを押し、トランザクションがブロックチェーンに含まれた際に中央下の出力画面に出力された[Details]のボタンを押すと、トランザクションの詳細を見ることができます。[logs]の欄に「ReserveLog」のイベントログが出力されていれば成功です。空白の場合は時間が正しく設定されていたか、会議室名が正しいかチェックしましょう。また、時間に関しては、過去の時間を指定することはできません。

予約実行時のトランザクションの詳細

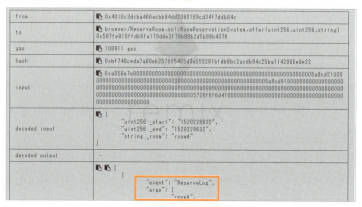

### ● 会議室の使用

予約に成功したら今度は予約した会議室を使用します。右側の領域にある[use]ボタンの右の入力欄に予約した会議室名を指定して、[use]ボタンを押します。現在の時刻が予約時に指定した開始時間と終了時間の間なら、会議室を使用できます。先ほどと同様に[logs]の欄に「RoomUsageLog」のイベントログが出力されていれば成功です。

### 会議室使用時のトランザクションの詳細

| from | 0x4010c3dcba466acbb94dd2060169cd34f7ddb84c |
|---|---|
| to | browser/ReserveRoom.sol:RoomReservationSystem.use(string) 0x587fe915ffdb5fa173dde3f76b80b2d5b99b4376 |
| gas | 99158 gas |
| hash | 0xda7849799287028805236c5cf99fb7909d2804f5af9685879c44fd5d5595a8d9 |
| input | 0x805c7c570000000000000000000000000000000000000000000000000000000000000020000000000000000000000000000000000000000000000000000000000000000005726f6f6d4100000000000000000000000000000000000000000000000000000 |
| decoded input | { "string _room": "roomA" } |
| decoded output | - |
| logs | [ { "event": "RoomUsageLog", "args": [ "1520226851", "0x4010c3dcba466acbb94dd2060169cd34f7ddb84c" ] } ] |

## ● 使用履歴の表示

ブロックチェーン上には会議室の予約情報と使用履歴が記録されています。ここでは会議室の使用履歴を確認してみます。[getUsageLog]ボタンの右の入力欄に使用履歴を出力したい会議室名を指定して、[getUsageLog]ボタンを押します。

出力として会議室の使用時にも出力された「RoomUsageLog」のイベントログが表示されます。ここでは会議室を予約、使用したデータが1つしかありませんが、複数回使用されていれば、それらすべてのデータが出力されます。ぜひ試してみてください。

### 使用履歴の表示

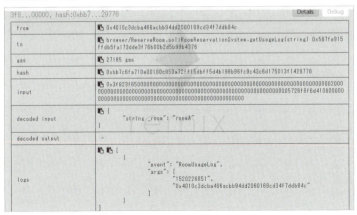

# 8-3 Hyperledger Fabricで実装してみよう

## チェーンコードをGo言語で実装する

　Hyperledger Fabricのチェーンコードについて説明します。ここでは読者がGo言語についてある程度知識があることを前提にしています。使用するチェーンコードAPIについては簡単に説明しますが、詳細な仕様等については公式のドキュメントを参照してください。また、本節で解説する会議室予約システムのソースコード「reserveRoom.go」は、P.259の手順でダウンロード可能なので、本書と照らし合わせながら確認してみてください。

## チェーンコードソースファイルの作成

　まず、<SAMPLES_PATH>/chaincode に **reserveRoom** ディレクトリを作成し、そこに **reserveRoom.go** ファイルを作成し、コードを入力してください。

## 会議室予約チェーンコードの関数

　会議室予約チェーンコードは以下の関数で構成されます。

### ● offer( 開始時刻 , 終了時刻 , 会議室 ID)

　予約を試みます。他の予約と重複していたり、開始時刻が過去であったり、終了時刻が開始時刻よりも過去であったり、2時間を越える予約はエラーとします。開始時刻と終了時刻はUNIX時間で指定します。

### ● use( 会議室 ID)

　予約した会議室を使用して記録を付けます。その会議室を自分が予約していなけれ

ばエラーとします。

## ◉ queryUseLogs( 会議室 ID)

その会議室の使用記録を取得します。

## ボイラープレートコード

本質的なロジックではありませんが、チェーンコード動作に必要なコードを記述します。package宣言ではmainを指定してください。続いて必要なパッケージをimportします。ここで必須なのはチェーンコードAPI用の「github.com/hyperledger/fabric/core/chaincode/shim」と「github.com/hyperledger/fabric/protos/peer」です。その他はアプリケーションロジックで使用します。

**main パッケージの宣言とパッケージのインポート**

```
package main
import (
    "errors"
    "encoding/hex"
    "encoding/json"
    "fmt"
    "crypto/sha256"
    "strconv"
    "github.com/hyperledger/fabric/core/chaincode/shim"
    sc "github.com/hyperledger/fabric/protos/peer"
)
```

構造体の定義と、エントリポイントであるmain関数を記述します。ここでは「SmartContract」としています。main関数内でSmartContractのインスタンスをnew関数で生成し、チェーンコードAPIであるshim.Start関数の引数に指定します。

**構造体の定義とインスタンス生成**

```
type SmartContract struct {
```

```
    }

func main() {
    err := shim.Start(new(SmartContract))
    if err != nil {
        fmt.Printf("Error creating new Smart Contract: %s", err)
    }
}
```

## Initメソッド

SmartContractのメソッドとして、チェーンコードのインスタンス化時に呼ばれるInitを記述します。何か初期化処理をしたければここに追加しますが、今回は特に初期化処理はありません。戻り値としてshim.Success(nil)を返します。

### Init メソッド

```
func (s *SmartContract) Init(stub shim.ChaincodeStubInterface)
sc.Response {
    return shim.Success(nil)
}
```

これ以降、戻り値がsc.Response型である箇所では、成功時はshim.Success関数の戻り値を、失敗時はshim.Error関数の戻り値を返却しています。

## Invokeメソッド

SmartContractのメソッドとしてInvokeを定義します。クライアントからのクエリやトランザクション実行時には呼び出した関数名によらず、このInvokeメソッドが呼び出されます。ChaincodeStubInterfaceのGetFunctionAndParameters関数により、関数名と引数を取得することができます。関数名で条件分岐して、実際のロジックを実装する関数あるいはメソッドを呼び出します。

**Invoke メソッドの定義**

```go
func (s *SmartContract) Invoke(stub shim.ChaincodeStubInterface)
sc.Response {
    function, args := stub.GetFunctionAndParameters()
    if function == "offer" {
        return s.offer(stub, args)
    } else if function == "use" {
        return s.use(stub, args)
    } else if function == "queryUseLogs" {
        return s.queryUseLogs(stub, args)
    }
    return shim.Error(
      "Invalid Smart Contract function name. :" + function)
}
```

ここでは以下3つの関数に対して、それぞれのロジックを実装した同名のメソッド呼び出しに分岐しています。これら以外の関数名を指定するとエラーを返します。

### ◉ offer（開始時刻 , 終了時刻 , 会議室 ID）

予約を試みます。他の予約との重複や、2時間を越える予約はエラーとします。

### ◉ use（会議室 ID）

予約した会議室を使用して記録を付けます。その会議室を自分が予約していなければエラーとします。

### ◉ queryUseLogs（会議室 ID）

その会議室の使用記録を取得します。

## 台帳へのアクセス

各ロジックのメソッドの中身を説明する前に、台帳へアクセスするチェーンコードAPIについて説明します。Hyperledger Fabricにおける台帳は、チェーンコードごとのキーバリューストアとして実装されています。Invokeメソッドの引数で渡される、

ChaincodeStubInterface型の変数stubのメソッドを呼び出すことにより、台帳にアクセスできます。今回のサンプルで使用しているメソッドについて説明します。

## ◉ PutState メソッド

台帳に引数keyに対する値valueを登録します。valueはバイトスライス型なので構造体などをそのまま登録することはできず、json.Marshal関数等で変換して登録する必要があります。

PutState メソッド
```
func (stub *ChaincodeStub) PutState(key string, value []byte) error
```

## ◉ GetState メソッド

台帳に登録されている、引数keyに対する値を取得します。バイトスライス型で取得できるので、通常はjson.Unmarshal関数で構造体に変換するなどします。keyに対して値が登録されていないときは(nil, nil)が返却されます。

GetState メソッド
```
func (stub *ChaincodeStub) GetState(key string) ([]byte, error)
```

## ◉ GetStateByRange メソッド

台帳に登録されている値を列挙する、startKeyからendKeyまでのキーの範囲のイテレータを取得します (startKeyは含まれるがendKeyは含まれない)。イテレータはキーの辞書順に要素を返却します。StateQueryIteratorInterfaceのClose関数を呼ぶことによりイテレーションを終了します。

GetStateByRange メソッド
```
func (stub *ChaincodeStub) GetStateByRange(startKey, endKey string)
(StateQueryIteratorInterface, error)
```

### ◉ GetHistoryForKey メソッド

台帳に登録されている、引数keyに対する全バージョンの値を列挙するイテレータを取得します。イテレータはタイムスタンプ順に要素を返却します。HistoryQueryIteratorInterfaceのClose関数を呼ぶことによりイテレーションを終了します。

**GetHistoryForKey メソッド**

```
GetHistoryForKey(key string) (HistoryQueryIteratorInterface, error)
```

## offerメソッド

次に、予約を試みるofferメソッドについて説明します。

まず、引数の数が正しいかどうかを確認し、正しければそれぞれ開始時刻、終了時刻、会議室IDを示す変数に代入します。誤っていればエラーを返します。これは定型的な処理で、他のメソッドでも行っています。

**引数を変数に代入**

```
if len(args) != 3 {
    return shim.Error(
        "Incorrect number of arguments. Expecting 3")
}
startAsString := args[0]
endAsString   := args[1]
roomId        := args[2]
```

続いて開始時刻、終了時刻をパースしてint64型変数に代入し、値が適切であること（終了時間は開始時間よりも後であり、2時間を越えないこと）をチェックします。

**開始時間、終了時間が正しいかチェック**

```
// 引数の開始時間、終了時間をint64にパースする
// パースに失敗すればエラー
start, err := strconv.ParseInt(startAsString, 10, 64)
```

```go
    if err != nil {
        return shim.Error("Cannot parseInt: " + startAsString)
    }
    end, err := strconv.ParseInt(endAsString, 10, 64)
    if err != nil {
        return shim.Error("Cannot parseInt: " + endAsString)
    }
    // 開始時間が終了時間よりも後ならエラー
    if start >= end {
        return shim.Error("Reservation time is invalid")
    }
    // 2時間を超える予約はエラー
    if (end - start) > MAX_DURATION {
        return shim.Error("Reservation duration is too long")
    }
```

　次に、現在時刻を取得し、開始時刻が現在時刻よりも前である場合はエラーにします。現在時刻はクライアントがトランザクションを生成した時間です。now関数内でstub.GetTxTimestamp()関数を呼び出すことによって取得しています。

### 開始時刻が現在時刻より前でないかをチェック

```go
    now, err := now(stub)
    if err != nil {
        return shim.Error(err.Error())
    }
    // 過去の予約はエラー
    if now > start {
        return shim.Error("Reservation start time is past")
    }
```

　入力が正しかったので、その予約に対して重複する別の予約があるかチェックします。isReservedInternal関数は重複した予約がある場合trueが返ってきます。詳細は後述します。

Hyperledger Fabricで実装してみよう **8-3**

### すでに別の予約がされていないかチェック

```
// 重複する予約があるか確認。あればエラー
reserved, err := isReservedInternal(stub, roomId, start, end)
if err != nil {
    return shim.Error(err.Error())
}
if reserved {
    return shim.Error("Reservation time overlapped to other")
}
```

　重複した予約もなかったので予約をします。まず、ユーザIDを取得します。Hyperledger Fabricには、イーサリアムの「アドレス」のような組み込みのユーザIDがありません。なので、ユーザIDを生成するcreateUserId関数を作成して呼び出しています。createUserId関数の詳細については後述します。

### ユーザ ID を生成

```
userId, err := createUserId(stub)
```

　最後に台帳に予約情報を書き込むreserve関数を呼び出します。成功すればshim.Success(nil)を返却します。reserve関数についても後述します。

### 予約情報の書き込み

```
// 台帳に予約情報を書き込む
err = reserve(stub, userId, roomId, start, end)
if err != nil {
    return shim.Error(err.Error())
}
return shim.Success(nil)
```

## ● createUserId関数 ●

　ユーザIDを生成する際に使用するcreateUserId関数について説明します。Hyper

ledger Fabricには、イーサリアムの「アドレス」のような簡単に使えるIDがありません。ChaincodeStubInterfaceのGetCreator関数により、トランザクション作成者の証明書をバイトスライス型で取得できるので、SHA-256ハッシュ関数にかけたものを文字列化したものをユーザIDとすることにします。

### createUserId 関数を定義

```go
func createUserId(stub shim.ChaincodeStubInterface) (string, error) {
    creator, err := stub.GetCreator()
    if err != nil {
        return "", err
    }
    hash := sha256.Sum256(creator)
    return hex.EncodeToString(hash[:]), nil
}
```

## reserve関数

実際の予約を台帳に書き込むreserve関数について説明します。getReserveKey関数で予約キーを取得します。isReservedInternal関数内等でGetStateByRangeメソッドを用いてある時間帯で列挙できるように、"RESERVE_" + roomId + "_" + start という形式にしています。

### 予約キーの取得

```go
key := getReserveKey(stub, roomId, start)
```

続いて、予約情報を表すReserve構造体を生成し、json.Marshal関数でJSONドキュメントのバイトスライスに変換します。

### 予約情報の構造体を生成

```go
reserve := Reserve{User: userId, Start: start, End: end}
reserveAsBytes, err := json.Marshal(reserve)
if err != nil {
```

Hyperledger Fabricで実装してみよう **8-3**

```
        return err
    }
```

最後に台帳に、予約情報を予約キーに対して書き込みます。

**予約情報を予約キーに書き込み**
```
    err = stub.PutState(key, reserveAsBytes)
    if err != nil {
        return err
    }
    return nil
```

## isReservedInternal関数

isReservedInternal関数は引数roomIdの会議室について、引数startから引数endまでの時間帯に他の予約が重複しているかどうか調べます。

oldestTimeForQueryは重複し得る最も古い時刻を表す変数です。MAX_DURATIONは2時間（2 * 60 * 60秒）なので、startの2時間前になります。

**変数に重複し得る最も古い時刻を代入**
```
    oldestTimeForQuery := start - MAX_DURATION
```

GetStateByRangeで検索する範囲のキーを取得します。開始はqueryStartKey、終了はqueryEndKeyです。

**検索する範囲を各変数に代入**
```
    queryStartKey := getReserveKey(stub, roomId, oldestTimeForQuery)
    queryEndKey   := getReserveKey(stub, roomId, end)
```

GetStateByRangeでqueryStartKeyとqueryEndKeyの間のイテレータを取得します。

### 開始時間から終了時間までのイテレータを取得

```go
iterator, err := stub.GetStateByRange(queryStartKey,
    queryEndKey)

if err != nil {

    return false, err

}
```

このisReservedInternal関数からリターンする際に、イテレータのClose関数が呼ばれるように、defer文を使います。

### defer文でイテレータのClose関数が呼ばれるように指定

```go
defer iterator.Close()
```

イテレータを用いて、重複した予約があるかどうかを調べます。iteratorのHasNextメソッドで次の要素があるかどうか調べ、あればその要素のメンバValueを取得します。これはバイトスライス型にシリアライズされたJSONドキュメントで、json.Unmarshal関数で予約構造体に変換することができます。重複していればtrue、していなければfalseを返却します。

### 予約が重複しているかどうかをチェック

```go
for iterator.HasNext() {

    kv, _ := iterator.Next()

    reserveAsBytes := kv.Value

    reserve := Reserve{}

    json.Unmarshal(reserveAsBytes, &reserve)

    reserveStart := reserve.Start

    reserveEnd   := reserve.End

    if (reserveStart < end && start < reserveEnd) {

        return true, nil

    }

}

return false, nil
```

## useメソッド

自分が予約した会議室について使用権があるかどうか調べ、使用する記録を付ける use メソッドについて説明します。まず offer メソッドと同じように、引数の確認とユーザ ID の取得を行います。

### 引数の確認とユーザ ID の取得

```go
if len(args) != 1 {
    return shim.Error(
        "Incorrect number of arguments. Expecting 1")
}
userId, err := createUserId(stub)
if err != nil {
    return shim.Error(err.Error())
}
roomId := args[0]
```

続いて、getCurrentReserve 関数で roomId の現在の予約構造体を取得します。getCurrentReserve は isReservedInternal 関数のように GetStateByRange を用いて、現在の予約状況を取得します。誰も予約していなかった場合は err を返却します。

### 予約構造体を取得し現在の予約状況をチェック

```go
reserve, err := getCurrentReserve(stub, roomId)
if err != nil {
    return shim.Error(err.Error())
}
```

予約が取得できたなら、予約のユーザ ID を取得し、現在のユーザ ID と一致するか調べます。一致しなければエラーとします。

### 予約ユーザと使用ユーザが一致しているかチェック

```go
if reserve.User != userId {
    return shim.Error("")
```

```
        }
```

　一致するなら使用ログを書き込もうとします。getUseLogKey関数でキーを取得します。roomIdに対するキーは "USELOG_" + roomIdです。

### 書き込む使用ログのキーを取得

```
        useLogKey := getUseLogKey(stub, roomId)
```

　同じ予約に対して複数回使用ログを書き込まないように、roomIdに対する最新の使用ログ構造体を台帳から取得してチェックします。最新の使用ログの開始時刻と今から書き込む予約の開始時刻が同じなら、もうすでに今回の予約についての使用ログは書き込み済みとしてエラーにします。

### 書き込みが重複しないように使用ログをチェック

```
        currentUseLogAsBytes, err := stub.GetState(useLogKey)
        if err != nil {
            return shim.Error(err.Error())
        }
        currentUseLog := UseLog{}
        json.Unmarshal(currentUseLogAsBytes, &currentUseLog)
        if currentUseLog.Start == reserve.Start {
            return shim.Error("")
        }
```

　最後に今回の予約についての使用ログを書き込みます。

### 使用ログへ書き込み

```
        useLog :=
          UseLog{Start: reserve.Start, End: reserve.End, User: userId}
        useLogAsBytes, err := json.Marshal(useLog)
        if err != nil {
            return shim.Error(err.Error())
        }
```

**8**

ブロックチェーンを使ってみよう❶

208

Hyperledger Fabricで実装してみよう **8-3**

```go
err = stub.PutState(useLogKey, useLogAsBytes)
if err != nil {
    return shim.Error(err.Error())
}
return shim.Success(nil)
```

## queryUseLogsメソッド

指定したroomIdの会議室の使用ログの履歴を取得するqueryUseLogsメソッドについて説明します。他のメソッドと同じように引数の数をチェックし、第1引数をroomIdに代入します。

**queryUseLogs メソッドを定義**

```go
func (s *SmartContract)
    queryUseLogs(stub shim.ChaincodeStubInterface, args []string)
    sc.Response {
    if len(args) != 1 {
        return shim.Error(
            "Incorrect number of arguments. Expecting 1")
    }
    roomId := args[0]
```

次にroomIdからgetUseLogKey関数で会議室の使用ログのキーを取得し、GetHistoryForKey関数で使用ログの履歴のイテレータを取得します。

**使用ログのキーと履歴イテレータの取得**

```go
iterator, err := stub.GetHistoryForKey(
    getUseLogKey(stub, roomId))
if err != nil {
    return shim.Error(err.Error())
}
```

イテレータを順にたどり、UseLogのスライスに追加していきます。

**8**

ブロックチェーンを使ってみよう❶

**イテレータの内容を UseLog のスライスに追加**

```
useLogs := []UseLog{}
defer iterator.Close()
for iterator.HasNext() {
    kv, _ := iterator.Next()
    useLogAsBytes := kv.Value
    useLog := UseLog{}
    json.Unmarshal(useLogAsBytes, &useLog)
    useLogs = append(useLogs, useLog)
}
```

　イテレータの終わりに達したら（iterator.HasNext()がfalseなら）、Marshal関数でJSONドキュメントのバイトスライス表現に変換して、Successで返却します。

**JSON ドキュメント形式に変換し呼び出し元に返却**

```
useLogsAsBytes, err := json.Marshal(useLogs)
if err != nil {
    return shim.Error(err.Error())
}
return shim.Success(useLogsAsBytes)
```

## 会議室予約チェーンコードの実行

会議室予約チェーンコードを実際に動かしてみます。

### ◉ インストール

7-2節で作成した、install.shを用いてインストールします。

**チェーンコードをインストールする**

```
> ./install.sh reserveRoom
...(省略)...
installing reserveRoom is successful(version=1.0)
```

ここでインストールに失敗した場合（例えばタイプミス等）、ソース修正後、そのまま再度install.shを実行しても失敗します。以下のように第2引数に（バージョンアップした）バージョン番号を指定して実行してください。

### バージョンアップしたチェーンコードをインストール

```
> ./install.sh reserveRoom 2.0
...(省略)...
installing reserveRoom is successful(version=2.0)
```

また、インストールに成功したけれども、ソースを修正して中身を置き換えたい場合は、第2引数のバージョンと同時に第3引数に「upgrade」を指定してください。

### 「upgrade」を指定したインストール

```
> ./install.sh reserveRoom 3.0 upgrade
...(省略)...
installing reserveRoom is successful(version=3.0)
```

## ◉ 予約の実行

offer関数で予約を実行します。予約はトランザクション実行なのでmyinvoke.jsを使用します。以下の例では"room1"という会議室を、2018年1月1日の0時(1514732400)から1時まで(1514736000)予約しています。

### offer関数を呼び出して予約を実行する

```
> node myinvoke.js reserveRoom offer 1514732400 1514736000 room1
Store path:/foo/bar/fabric-samples/fabcar/hfc-key-store
Successfully loaded user1 from persistence
Assigning transaction_id:  40bfe106ddf402afd0d08ea2da6fa2e8e3bb9bd20
dc1f0dd783578c5666baa67
Transaction proposal was good
Successfully sent Proposal and received ProposalResponse: Status
- 200, message - "OK"
info: [EventHub.js]: _connect - options {}
The transaction has been committed on peer localhost:7053
```

```
Send transaction promise and event listener promise have completed
Successfully sent transaction to the orderer.
Successfully committed the change to the ledger by the peer
```

　実際には未来の時刻を指定する必要があります（過去の時刻を指定するとエラーになります）。例えば今から30秒後にroom1の予約を開始し、3630秒後に予約を終了したい場合は以下のように指定するのがおすすめです。

### 30秒後、3630秒後を明示的に指定した予約の実行

```
> node myinvoke.js reserveRoom offer $((`date +%s`+30)) $((`date
+%s`+3630)) room1
```

　また、チェーンコードにバグがあり、Dockerコンテナ上のgoプロセスが不正終了した場合は、以下のようにトランザクション実行が待たされ、タイムアウトします。

### タイムアウトした場合の表示

```
> node myinvoke.js reserveRoom offer $((`date +%s`+30)) $((`date
+%s`+3630)) room1
```

```
Store path:/foo/bar/fabric-samples/fabcar/hfc-key-store
```

```
Successfully loaded user1 from persistence
```

```
Assigning transaction_id:  48b72af46e6d078caaf3b190a22b79d03ca55b383
927769da70f3d8f44f2e954
```

```
error: [client-utils.js]: sendPeersProposal - Promise is rejected:
Error: 2 UNKNOWN: Error executing chaincode: Failed to execute
transaction (Timeout expired while executing transaction)
    at new createStatusError (/foo/bar/fabric-samples/fabcar/node_
modules/grpc/src/client.js:64:15)
    at /foo/bar/fabric-samples/fabcar/node_modules/grpc/src/client.
js:583:15
```

```
Transaction proposal was bad
```

```
Failed to send Proposal or receive valid response. Response null or
status is not 200. exiting...
```

```
Failed to invoke successfully :: Error: Failed to send Proposal or
receive valid response. Response null or status is not 200. exiting...
```

そのような場合、終了したチェーンコードDockerコンテナの標準出力ログを参照して原因を特定してください。

**Docker コンテナの標準出力ログを参照する**

```
> docker ps -a --filter 'status=exited' -q

71428aaa84b7

> docker logs 71428aaa84b7

2018-01-01 00:00:00.000 UTC [bccsp] initBCCSP -> DEBU 001 Initialize
BCCSP [SW]

panic: runtime error: index out of range


goroutine 66 [running]:

panic(0x9c5f80, 0xc420016090)

        /opt/go/src/runtime/panic.go:500 +0x1a1

main.(*SmartContract).offer(0xf6c678, 0xf33b20, 0xc42009b680,
0xc4201dac50, 0x3, 0x3, 0x0, 0x0, 0x0, 0x0, ...)

        /chaincode/input/src/github.com/reserveRoom/reserveRoom.
go:70 +0xf3

main.(*SmartContract).Invoke(0xf6c678, 0xf33b20, 0xc42009b680, 0x0,
0x0, 0x0, 0x0, 0x0, 0x0)

        /chaincode/input/src/github.com/reserveRoom/reserveRoom.
go:49 +0x60d

github.com/hyperledger/fabric/core/chaincode/shim.(*Handler).
handleTransaction.func1(0xc4201d8a10, 0xc4202360f0)

        /opt/gopath/src/github.com/hyperledger/fabric/core/
chaincode/shim/handler.go:317 +0x483

created by github.com/hyperledger/fabric/core/chaincode/shim.
(*Handler).handleTransaction

        /opt/gopath/src/github.com/hyperledger/fabric/core/
chaincode/shim/handler.go:328 +0x49
```

## ◉ 予約した会議室の使用

offerした時刻になったなら、use関数でroom1の使用をしてください。これもトランザクション実行なのでmyinvoke.jsを使用します。

### use 関数で会議室を使用する

```
> node myinvoke.js reserveRoom use room1

Store path:/foo/bar/fabric-samples/fabcar/hfc-key-store

Successfully loaded user1 from persistence

Assigning transaction_id:  7b840e63552ab98e07677f00a32038cec274bae5f
151e857b1882

Transaction proposal was good

Successfully sent Proposal and received ProposalResponse: Status
- 200, message

info: [EventHub.js]: _connect - options {}

The transaction has been committed on peer localhost:7053

Send transaction promise and event listener promise have completed

Successfully sent transaction to the orderer.

Successfully committed the change to the ledger by the peer
```

## ◉ 使用ログの参照

queryUseLogs関数で会議室の使用ログを参照できます。myquery.jsを使用します。

### queryUseLogs 関数で会議室の使用ログを参照する

```
> node myquery.js reserveRoom queryUseLogs room1

Store path:/foo/bar/fabric-samples/fabcar/hfc-key-store

Successfully loaded user1 from persistence

Query has completed, checking results

Response is  [{"start":1514732400,"end":1514736000,"user":"3b5025fa4
a43a0500e6dc6a2be4068d6cf248284a4a06c552751f3b29447d603"}]
```

# ブロックチェーンを使ってみよう❷
## ～スマートコントラクト篇～

**Chapter**

**9**

前章では「分散台帳によるデータの共有」を利用したアプリケーションを実装しました。この章では、ブロックチェーンの「ブロックチェーン上でのプログラム実行（スマートコントラクト・チェーンコード）」という点を利用したアプリケーションとして「オークションシステム」を実装します。

# 9-1 オークションシステムを実装する

## オークションシステムの概要

　スマートコントラクトの機能は、暗号通貨の移転やデータの更新だけでなく、条件判定に基づいた処理の実行など、より複雑な処理が実現できます。ここでは、その機能を使ってオークション形式で取引を行う例題を考えます。このサンプルも第8章と同様にブロックチェーンの動作を理解することを目的とし、説明をわかりやすくするために簡素化しています。実際のインターネットオークションのようなものを想定した場合には、さまざまな追加の要素が必要になることが想像できるでしょう。どのような要素が必要となるか読者の皆さんも考察してみてください。
　大まかなシステムの概要は以下の図のとおりです。

### オークションシステムの概要

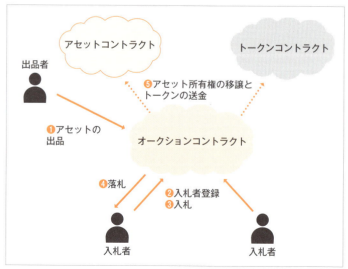

オークションシステムを実装する **9-1**

　このシステムには一般的なオークションのように出品者と入札者がおり、今回はブロックチェーン上に実装されたオークションシステムに対して1人の出品者と2人の入札者が登場します。また、通常のオークションと同様にオークションに出品される「物」とそれを競るための「通貨」が必要になります。ここではその出品される物を「アセット」、競るための通貨を「トークン」と定義して、どちらもブロックチェーン上に実装します。出品者はブロックチェーン上に定義されている特定のアセットを出品し、入札者はオークションシステムで決められたトークンを用いて競り合い、競り勝った入札者と出品者の間でトークンとアセットの移動が行われるという仕組みです。

　このオークションシステムは、出品されたアセットと入札されたトークンは落札時までオークションシステムが所有し、落札時に自動的に適切なユーザ（出品者、落札者）に渡されます。そのため、「トークンを支払ったのにアセットが移譲されない」、「アセットを移譲したのにトークンが支払われない」といったことを防ぐことができます。このように自動的に当事者間の合意・契約を遂行させることができるのは、スマートコントラクトの優れている点といえるでしょう。

## 定義

このオークションシステムでのアセットとトークンの定義を確認していきます。

### ◉ アセット

　オークションで出品される「資産のデジタルな表現」。誰かによって所有され、その所有権の移譲を行うことが可能。

### ◉ トークン

　オークションで競るための「通貨のデジタルな表現」。ユーザのトークン残高を保持し、通貨システムとして必要な機能（アカウント間のトークン移動等の関数）を持つ。

### ◉ アセットとトークンの例

　アセットとトークンの簡単な例として、次ページの図のようなものが考えられます。図のようにアセットとトークンはそれぞれ変数と関数が定義されているコードです。

**9**

ブロックチェーンを使ってみよう❷

### アセットとトークンの例

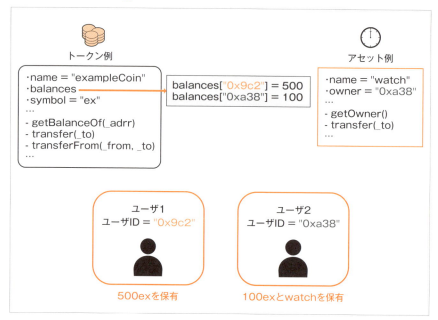

　例として用意したアセットには "watch" という名前と、"0xa38" のIDを持ったユーザが所有者であると設定されています。また、上記のアセットの定義を満たすために、所有者が誰かを表すgetOwner関数と、所有権の移譲を行うtransfer関数があります。これに何の価値があるのかと思うかもしれませんが、あくまでこの例ではアセットを定義するために最低限必要なものでしか構成されていません。他に変数や関数を追加して、より複雑な性質を持ち何らかの価値があるアセットを定義することもできるでしょう。

　トークンもアセットと同様な構成となります。しかし、トークンはアセットと異なりユーザのトークン残高を保持します。例として用意した「exampleCoin」にはbalances変数が定義されており、その変数はユーザIDをキーとしてそれぞれのユーザのトークン残高をバリューとして保持しています。他にも、ここではsymbol変数を定義することで、"ex" というトークンの通貨記号も定義しています。よってここでのユーザ1は500exの「exampleCoinトークン」を保有し、ユーザ2は100exの「exampleCoinトークン」と「watchアセット」を保有していることになります。

　また、このトークン例もトークンの定義として最低限必要なものでしか構成されて

いません。実社会での利用を想定したトークンを実装する場合は、決められた標準規格（ERC20等）に準拠した実装を行ってください。

## システムの流れ

### ❶アセットの出品

まず出品者は、自分のアセットの所有権をオークションシステムに移譲（出品）するリクエスト（出品トランザクション）をブロックチェーンネットワーク上に送ります。

### ❷入札者の登録

出品トランザクションがブロックチェーンのブロック内に登録されるときから登録フェーズが始まり、出品されたアセットに対して入札したいユーザは入札者として参加登録を行うリクエスト（登録トランザクション）をブロックチェーンネットワーク上に送ります。入札者の登録人数が2人になった時点でオークションシステムは入札者の登録を打ち切ります。

### ❸入札

登録フェーズが終わり入札者の登録が打ち切られると、入札フェーズが始まり入札者は入札を行います。入札リクエスト（入札トランザクション）をブロックチェーン上に送り、入札額分のトークンをオークションシステムに送金します。

### ❹落札

入札フェーズが終わると、その時点での最高入札額の入札者が落札することになります。今回のシステムでは落札のタイミングを出品者の終了リクエスト（終了トランザクション）を送ったとき（終了トランザクションがブロックチェーンのブロック内に登録されたとき）としています。

### ❺資産の移動

落札と同時に、オークションシステムに所有権が移譲されているアセットと送金されているトークンをそれぞれ落札者、出品者に渡します。

# 9-2 イーサリアムで実装してみよう

## ● Solidityでスマートコントラクトを実装する ●

　ここからはイーサリアムのサンプル実装例を紹介していきます。イーサリアムの実装では、オークションシステム、トークン、アセットをそれぞれ別々のコントラクトとして実装しています。別々のコントラクトにすることで、トークンやアセットをオークションシステムに依存しない形で実装することが可能になります。また、オークションコントラクトの実装によっては、既存の別のトークンやアセットをオークションに利用するといったことも考えられます。第8章と同様、実装にはSolidityで行います。また、本節で解説するスマートコントラクト「OriginalAsset.sol」「OriginalToken.sol」「OriginalAuction.sol」は、P.259の手順でダウンロード可能なので、本書と照らし合わしながら確認してみてください。

## ● アセットコントラクト ●

　アセットコントラクトを実装していきます。ファイル名は「OriginalAsset.sol」としました。まずは変数とevent、modifier、コンストラクタです。前章とあまり違いはないので説明は省略しますが、目新しいものとして、address型からbool型へのmapping変数allowedを宣言しています。allowedが表しているものは、「このアセットの所有権を、あるアドレスのアカウントに移譲することが許可されているか」です。

### 変数とevent、modifier、コンストラクタを定義（OriginalAsset.sol）

```
pragma solidity ^0.4.15;

contract OriginalAsset {
    address owner; //アセットの所有者のアドレス
```

イーサリアムで実装してみよう **9-2**

```
string public name; //アセットの名前
mapping (address => bool) allowed; //アカウントへの移譲の可否


event Transfer(string _name, address _from, address _to);


modifier onlyOwner() {
    require (owner == msg.sender);
    _;
}


function OriginalAsset(string _name) {
    owner = msg.sender;
    name = _name;
}
```

　関数の説明に移ります。先ほどアセット**「資産のデジタルな表現」**であり、**誰かに
よって所有され、その所有権の移譲を行うことが可能**な物として定義しました。owner
変数を参照することでアセットの所有者がわかりますし、ここではownerのアドレス
を返すgetOwner関数も用意しています。では次は、所有権の移譲を行う関数を用意
します。

　アセットの所有権を移譲するとはつまり、owner変数のアドレスを移譲先のアドレ
スに変えることです。ここで十分に注意すべきは、自分のアセットを自分の意志に関
係なく他の第三者に勝手に移譲されないようにすることです。transferAsset関数は引
数のアドレス_toにownerを変更する関数ですが、modifierのonlyOwnerによって
owner以外からのtransferAssetの実行を制限しています。これによってowner以外の
アカウントはtransferAssetを実行できないため、第三者に勝手に移譲されることはあ
りません。もしかしたらこれでアセットとしての機能は十分であると思うかもしれま
せんが、これだけでは十分ではありません。

**アセットの owner を変更する transferAsset 関数**

```
function transferAsset(address _to)
  onlyOwner public returns (bool _success) {
    Transfer(name, owner, _to);
```

**9**

ブロックチェーンを使ってみよう❷

```
        owner = _to;
        return true;
    }
```

　アセットは、「第三者による勝手な所有権の移譲」があってはなりませんが、「自分が許可している特定の相手から移譲の要請があった場合の所有権の移譲」は必要になる場合があります。アセットの所有権移譲は必ずしも自分（owner）が行うだけでなく、コントラクトや他のアカウントによって行われる場合等も考えられるからです。そこで先ほどのallowed変数を利用します。もう一度説明しますと、allowedは「このアセットの所有権を、あるアドレスのアカウントに移譲することが許可されているかどうか」を表しています。事前にownerのアカウントは、approve関数を実行して引数_toのアドレスへの所有権移譲を許可します（この時点では所有権は移譲されていません）。owner以外でも実行できるtransferAssetApproved関数によって、引数_toのアドレスについてallowed[_to]の値がtrueであるならば（つまり所有者が_toのアドレスへこのアセットの所有権移譲を許可しているならば）、ownerが_toへ変更され所有権が移譲されます。これでようやくアセットとして最低限の機能を持たせることができました。

## 他者からも実行できる transferAssetApproved 関数で所有権を譲渡

```
//_toにアセットの所有権を移譲
function transferAssetApproved(address _to)
  public returns (bool _success) {
    if (allowed[_to] == true) {
        allowed[_to] = false;
        Transfer(name, owner, _to);
        owner = _to;
        return true;
    } else return false;
}


//アセットのownerを返す
function getOwner() constant public returns (address _owner) {
    return owner;
}
```

イーサリアムで実装してみよう **9-2**

```
//アセットのnameを返す
function getName() constant public returns (string _name) {
    return name;
}

//_toへの所有権移譲を許可する
function approve(address _to) onlyOwner
  public returns (bool _success) {
    allowed[_to] = true;
    return true;
}

//_toへの所有権移譲が許可されているかどうかを返す
function allowance(address _to) constant
  public returns (bool _allowed) {
    return allowed[_to];
}
}
```

**9**

ブロックチェーンを使ってみよう❷

## トークンコントラクト

　次にトークンコントラクトを実装していきます。ここではファイル名を「OriginalToken.sol」とします。

　トークンはユーザのトークン残高を保持しています。address型からuint256型へのmapping変数balancesを持ち、それがユーザのトークン残高を表します。また、トークンもデジタルな資産の1つと考えると、アセットと同様にトークンの移動の権限には気を付けなければなりません。先ほどと同様にallowed変数を用いてトークンの移動に制限を付けます。しかしアセットのときとは宣言の形式が異なります。

**アセットコントラクトとトークンコントラクトのそれぞれの allowed 変数宣言**
```
//アセットコントラクトのallowed変数
```

223

```
mapping (address => bool) allowed;
//トークンコントラクトのallowed変数
mapping (address => mapping (address => uint256)) allowed;
```

　一見してわかりにくいですが、これはあるアドレスから別のアドレスにどれだけの
額のトークン移動が許可されているかを表しています。感覚的には二次元配列の
mapping変数と考えればよいと思います。トークンコントラクトでのallowed[0xabc]
はアドレス0xabcから他のアカウントへ許可されているトークン額を返す「mapping
変数」であり、allowed[0xabc][0xdef]はアドレス0xabcからアドレス0xdefへの移動を
許可された「uint256のトークン額」を表します。また、デフォルトの状態では
allowed[0xabc][0xdef]の値は0（トークン移動が許可されていない状態）となります。

### コンストラクタを定義（OriginalToken.sol）

```
pragma solidity ^0.4.15;


contract OriginalToken {
    mapping (address => uint256) balances; //トークン残高
    mapping (address => mapping (address => uint256)) allowed;
    //トークン移動の許可

    event Transfer(
      address indexed _from, address indexed _to, uint256 _amount);
    event Approval(
      address indexed _owner, address indexed _spender
    , uint256 indexed _amount);
```

　このコントラクトでは、デプロイ時に引数_supplyの額だけ作成者にトークンが付
与されます。ここでは簡単のため、0を指定すると1,000,000トークンが付与される
ようにしています。

### トークンコントラクトを定義

```
    function OriginalToken(uint256 _supply) {
```

イーサリアムで実装してみよう **9-2**

```
        if (_supply == 0) {
            _supply = 1000000;
        }
        balances[msg.sender] = _supply;
    }
```

　次にトークン移動のtransfer関数とtransferFrom関数を実装します。transfer関数で
は自分のアドレスのアカウントにあるトークン残高から _amount分だけ_toのアド
レスのアカウントの残高へ移動させます。同様にtransferFrom関数では_fromのアド
レスのアカウントから_toのアドレスのアカウントへトークンを移動させます。この
とき、allowed[_from][_to]の値が_amountよりも多くなければ移動はできません。

**自身からのトークン移動と送受信先のアカウントを指定したトークン移動**

```
//自分のアカウントから_toに_amountだけトークンを移動
function transfer(address _to, uint256 _amount)
  public returns (bool _success) {
    if (balances[msg.sender] >= _amount && _amount > 0) {
        balances[msg.sender] -= _amount;
        balances[_to] += _amount;
        Transfer(msg.sender, _to, _amount);
        return true;
    }
    return false;
}

//_fromから_toへ_amountだけトークンを移動
function transferFrom(address _from, address _to,
  uint256 _amount) public returns (bool success) {
    if (balances[_from] >= _amount &&
        allowed[_from][_to] >= _amount &&
        _amount > 0 &&
        balances[_to] + _amount > balances[_to]
    ) {
```

**9**

ブロックチェーンを使ってみよう❷

225

```
            balances[_from] -= _amount;
            allowed[_from][_to] -= _amount;
            balances[_to] += _amount;
            Transfer(_from, _to, _amount);
            return true;
        }
        return false;
    }


    //_addrのトークン残高を返す
    function balanceOf(address _addr)
      constant public returns (uint256 _balance) {
        return (balances[_addr]);
    }


    //自分のアカウントから_spenderへ_amountだけトークンの移動を許可する
    function approve(address _spender, uint256 _amount)
      public returns (bool success) {
        allowed[msg.sender][_spender] = _amount;
        Approval(msg.sender, _spender, _amount);
        return true;
    }


    //_ownerから_spenderへ許可されているトークン額を返す
    function allowance(address _owner, address _spender)
      constant public returns (uint256 remaining) {
        return allowed[_owner][_spender];
    }


}
```

## オークションコントラクト

最後にオークションコントラクトについて説明します。ここではファイル名を

イーサリアムで実装してみよう **9-2**

「OriginalAuction.sol」とします。

　オークションコントラクトは、OriginalToken型の変数TokenとOriginalAsset型の変数Assetを持ちます。これらはそれぞれ、これまでに解説したOriginalTokenコントラクトとOriginalAssetコントラクトのアドレスを保持し、これらを通してコントラクトの関数を実行することが可能です。また、この実装ではオークションを3つのフェーズに分けています。具体的にはatStage modifierを用いることで、現在のフェーズで実行可能な関数を制限しています。

### コンストラクタと3つの実行フェーズを定義（OriginalAuction.sol）

```solidity
pragma solidity ^0.4.15;

import "OriginalToken.sol";
import "OriginalAsset.sol";

contract OriginalAuction {
    OriginalToken public Token; //トークンコントラクト
    OriginalAsset public Asset; //アセットコントラクト
    address[] public bidders; //入札者のアドレス
    address public exhibitor; //出品者のアドレス
    uint256 highestBid; //最高入札額
    address highestBidder; //最高入札額の入札者のアドレス


    enum stages {
        putUpStage, //出品フェーズ
        registrationStage, //登録フェーズ
        bidStage //入札フェーズ
    }

    //現在のフェーズ、初期値は出品フェーズ
    stages public stage = stages.putUpStage;

    event Register(address bidder);
    event Bid(address bidder, uint256 value);
```

**9**

ブロックチェーンを使ってみよう❷

227

```
event HighestBidder(address bidder, uint256 value);

event PutUp(address _exhibitor, address astAddress);


//現在のフェーズが_stageなら実行可能

modifier atStage(stages _stage) {

    require(stage == _stage);

    _;

}


modifier onlyExhibitor() {

    require(msg.sender == exhibitor);

    _;

}


modifier onlyBidder() {

    require(msg.sender == bidders[0] ||

      msg.sender == bidders[1]);

    _;

}
```

　このオークションコントラクトではデプロイ時にトークンコントラクトも同時にデプロイされます。ここでは新しくトークンコントラクトをデプロイしていますが、既存のトークンコントラクトを利用する場合はここの記述を変更する必要があります。オークションコントラクトがトークンコントラクトをデプロイしているので、オークションコントラクトをデプロイしたアカウントではなく、オークションコントラクトのアドレスのトークン残高に 10,000 トークン付与されます。

## オークションコントラクトのアドレスに 10000 トークンを付与

```
function OriginalAuction() {

    Token = new OriginalToken(10000);

}
```

　オークションコントラクトのデプロイ直後は出品フェーズになっています。出品者

はputUp関数に引数としてアセットコントラクトのアドレスを指定してオークショ
ンコントラクトに所有権を移譲します。このとき、アセットの所有権移譲を行うのは
このputUp関数を持つオークションコントラクトになるため、事前にオークションコ
ントラクトへの移譲を許可する必要があります。

### 出品フェーズでアセットを出品

```
//_assetAddressのアセットを出品
function putUp(OriginalAsset _assetAddress)
  atStage(stages.putUpStage) public returns (bool success) {
    if (_assetAddress.transferAssetApproved(address(this)) ==
      true){
        exhibitor = msg.sender;
        stage = stages.registrationStage;
        Asset = _assetAddress;

        PutUp(msg.sender, _assetAddress);

        return true;
    }
    return false;

}
```

　無事に出品されたら入札者の登録フェーズに移ります。登録フェーズではregister
関数が実行可能になります。register関数を実行するトランザクションを送ったアカウ
ントを入札者として登録します。ここではあらかじめ入札者には入札のためのトーク
ンを付与しています。入札者が2人登録されたら入札フェーズに移ります。

### 入札者の登録処理とオークションコントラクトの付与

```
//入札者の登録(2人まで)
//登録時に5000トークンをオークションコントラクトから付与
function register()
  atStage(stages.registrationStage) public
```

```
    returns(bool success) {
        if (Token.transfer(msg.sender, 5000)) {
            if (bidders.length >= 2) {
                stage = stages.bidStage;
            }
            bidders.push(msg.sender);
            Register(msg.sender);
            return true;
        }
        return false;
    }
```

bid関数で入札を行います。入札者は事前にトークンコントラクト上でオークションコントラクトへのトークンの移動を許可する必要があり、そこで許可した分のトークンをbid関数実行時にオークションコントラクトに移動します。

**入札処理**

```
//入札
function bid()
    public atStage(stages.bidStage) onlyBidder
    returns(bool success) {
    uint256 amount = Token.allowance(msg.sender, this);
    require(amount > 0);


    Token.transferFrom(msg.sender, this, amount);


    //bidする額がhighestBidよりも大きければ入札可能
    if (amount > highestBid &&
      highestBidder != msg.sender) {
        Token.approve(highestBidder, highestBid);

        highestBid = amount;
        highestBidder = msg.sender;
```

イーサリアムで実装してみよう 9-2

```
            Bid(msg.sender, amount);
            return true;

        } else {
            Token.approve(msg.sender, amount);
            return false;
        }
    }
```

　もう一方の入札者によって最高入札額が更新されたとき、オークションコントラクトに入札した分のトークンは払い戻されます。しかし、オークションコントラクトが自動的に元のアカウントへ払い戻すのではなく、入札者のアカウントが適宜払い戻しの関数を能動的に実行するトランザクションを送る必要があります。自動的に払い戻されないというのはどこかスマートではないような気がしますが、これはスマートコントラクトの実装の考え方として、こちらからpushするよりも必要な相手にpullしてもらうように実装したほうがよいと推奨されているからです。スマートコントラクトの特性上、自動的にどこかのアカウントへ資産を移動させるというのは、さまざまな理由から推奨された実装ではありません。オークションコントラクトでは入札者のアカウントへの払い戻しの許可だけを行い、実際の払い戻しは入札者のアカウントに能動的に行ってもらいます。

## 最高入札者のアドレスの取得と払い戻し処理

```
//払い戻し
function withdraw() public returns (bool success) {
    return Token.transferFrom(
      this,
      msg.sender,
      Token.allowance(this, msg.sender)
    );
}

//最高入札額の入札者のアドレスを返す
```

```
function getHighestBidder()
    public atStage(stages.bidStage)
    returns(address _highestBidder) {
      HighestBidder(highestBidder, highestBid);
      return highestBidder;
    }
```

　最後に出品者はfinish関数を実行するトランザクションを送り、オークションを終了します。アセットコントラクト、トークンコントラクトそれぞれのtransfer関数が実行され、オークションコントラクトが所有していたアセット、トークンをそれぞれ適切なアカウントに渡します。

### オークションの終了

```
function finish()
    public atStage(stages.bidStage) onlyExhibitor
    returns(bool success) {
      stage = stages.putUpStage;

      Asset.transferAsset(highestBidder);
      Token.transfer(exhibitor, highestBid);
      Asset = OriginalAsset(0);
      exhibitor = 0;
      highestBidder = 0;
      highestBid = 0;
      stage = stages.putUpStage;
      return true;
    }
}
```

## オークションコントラクトの実行

### ◉ コントラクトのデプロイ

前章と同様に、Remixの中央のエディタ領域にコントラクトのコードを入力してコントラクトをデプロイします。

先ほどの会議室予約コントラクトはファイルが1つだけでしたが、今回は3つ（OriginalAsset.sol, OriginalToken.sol, OriginalAuction.sol）あります。しかし、ここでデプロイするのはオークションシステムであるOriginalAuctionコントラクトと、オークションに出品されるアセットであるOriginalAssetコントラクトの2つです（実装例の紹介で説明したとおり、トークンコントラクトはオークションコントラクトのデプロイ時に自動的にデプロイされます）。

また、このオークションでは複数の人物（アカウント）が登場します。それぞれのアカウントからコントラクトを動作させるため、適宜右上のAccountのプルダウンからアカウントを切り替えてから実行していきます。JavaScript VMでも今回用意したプライベートネットワークのノードでもアカウントが4つ用意されています。今回はプルダウンのアカウントの上から順に「オークションコントラクトのオーナー」、「出品者」、「入札者1」、「入札者2」としていきます。

#### 4人のアカウントを切り替えて実行する

まずは一番上のアカウントを選択した状態で、コントラクトのプルダウンからOriginalAuctionを選択してデプロイしましょう。

### OriginalAuction コントラクトをデプロイする

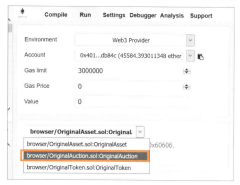

次にアセットコントラクトをデプロイします。

オークションコントラクトと同様に右側のプルダウンでOriginalAssetを選択してデプロイするのですが、[Create]ボタンを押す前にその右の入力欄にアセットの名前を入力します。ここでは名前を「OriginalAssetExample」としていますが、これによって「OriginalAssetExample」という名前のアセットが生成されることになります。

ただ、そのままデプロイしてしまうとオークションコントラクトのオーナーとアセットコントラクトのオーナーが同じアカウントになってしまいます。それでも実行自体に問題はないのですが、オークションの主催者と出品者が同じというのはシナリオとしては少し不自然になってしまいますので別々にします。右上のAccountのプルダウンからオークションコントラクトを生成したアカウント以外のアカウント（今回は上から2番目のアカウント）を選びます。

### 別のアカウントから OriginalAsset コントラストをデプロイする

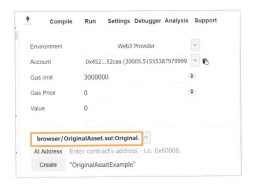

デプロイした後、生成されたアセットのgetOwnerを実行してみます。アセットコントラクトの［getOwner］ボタンを押すと、そのアセットの所有者のアドレスを返します。今回の例ですと、下の画像のように現在の「OriginalAssetExample」アセットの所有者（アカウント）は「0x452479206d0dde8458ee90be34effc7318a52caa」ということになります。

### getOwner を実行するとアセット所持者のアカウントが確認できる

### ● オークションコントラクトにアセットを出品する

現在のオークションコントラクトはアセットが出品されるのを待っている状態なので、先ほど生成したアセットを出品してみましょう。アセットを出品するとは、アセットの所有権をオークションコントラクトに移譲することです。アセットの所有権はコントラクト内のowner変数に入っているアドレス（先ほど説明したとおり現在は「0x452479206d0dde8458ee90be34effc7318a52caa」）にありますので、そのアドレスをオークションコントラクトのアドレスに変更することで出品が完了します。

まず出品者は出品するアセットの所有権がオークションコントラクトに変更することを許可します。引数としてオークションコントラクトのアドレスを入力し、アセットコントラクトの［approve］ボタンを押します。

### approveを実行してアセットの所持者の変更を許可する

| from | 0x452479206d0dde8458ee90be34effc7318a52caa |
|---|---|
| to | browser/OriginalAsset.sol:OriginalAsset.approve(address) 0x2cea2643cb3959b6c7d880c0f70215f08Bcccf83 |
| gas | 43696 gas |
| hash | 0x14a3b299abfa8b9e92ec2f9eb90e6caf61071fc6d004a793019e74e84dd4eaa1 |
| input | 0xdaea85c500000000000000000000000048ebbfc5ac497c8bc2c2a29fae2989ef060c7a66 |
| decoded input | { "address _to": "0x48ebbfc5ac497c8bc2c2a29fae2989ef060c7a66" } |
| decoded output | - |
| logs | [] |
| value | 0 wei |

[block:34380 - 0 transactions]

ちなみにコントラクトのアドレスについては、デプロイされたコントラクトのクリップボードのアイコンを押せばコピーできます。

### クリップボードのアイコンをクリックするとアドレスをコピーできる

approveに成功したら、次はオークションコントラクトのputUpを実行します。今度は引数としてアセットコントラクトのアドレスを入力します。

成功すると、下の画像のようにlogsの値に2つのイベントログ（TransferとPutUp）が出力されます。それぞれアセットの所有権の移譲とアセットの出品が行われたことを示しています。これでようやくアセットの出品が完了しました。

## アセットの出品が完了した

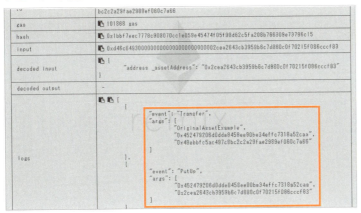

　もう一度アセットのgetOwner関数を実行すると、今度はオークションコントラクトのアドレスが出力されているかと思います。ここを見ることでも、アセットの所有権が移動されていることがわかります。

### ◉ 入札者として参加する

　アセットが出品されたことで、オークションコントラクトは入札者を待つ状態になります。このオークションでは2人のアカウントが入札に参加できます。入札者として別のアカウント（今回は上から3番目と4番目）を選択し、それぞれのアカウントで[register]ボタンを押すと、出力画面のlogsの値に「TransferとRegister」のイベントログが出力されます。

## 入札者1からオークションに参加

#### 入札者2からオークションに参加

2つのアカウントが入札者として登録されると入札が始まります。

### ⦿ 入札する

オークションコントラクトに入札するためには、トークンコントラクトの自分の残高からオークションコントラクトへの送金を許可する必要があります。トークンコントラクト自体はオークションコントラクトが作成しているため、まだ画面上では操作できません。まずはトークンコントラクトの関数を実行する準備を整えます。

すでにデプロイされているコントラクトを利用するためには、そのコントラクトのアドレスが必要になります。ここではオークションコントラクトがトークンコントラクトを生成した際にトークンコントラクトのアドレスをToken変数に格納しているので、それを利用します。

Token変数はpublicであるため、オークションコントラクトの [Token] ボタンを押すことでトークンコントラクトのアドレスを知ることができます。コントラクトのプルダウンからトークンコントラクトを選択し、入力欄にトークンコントラクトのアドレスをペーストし、[At Address] ボタンを押します。

#### トークンコントラクトのアドレスを確認する

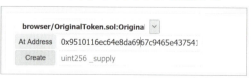

これでオークションコントラクトが生成したトークンコントラクトの関数を扱える

ようになりました。試しに入札者の現在のトークン残高を見てみましょう。入力欄に入札者のアドレスをペーストして［balanceOf］ボタンを押すと、そのアドレスに紐付いたトークン残高が表示されます。

### 入力したアドレスのトークン残高が確認できる

さて、コントラクトコードの方で説明したとおり入札を行うには、自分のトークンがオークションコントラクトへ移動することを許可する必要があります。トークンコントラクトのapprove関数を実行することで、指定したアドレスへ指定した額のトークンの移動を許可します。オークションコントラクトのアドレスと入札したい額を引数として入力して、［approve］ボタンを押します。出力画面のlogsの値に「Approvalのevent」ログが出力されていれば成功です（許可しただけなのでこの段階ではまだオークションコントラクトにトークンを移動してはいません）。

approve関数を実行した後、オークションコントラクトのbidを実行することで、先ほど許可した額のトークンがオークションコントラクトへ移動されます。出力画面のlogs欄にも「Bid」のイベントログが表示されていると思います。これで入札が完了です。

### Bid のイベントログが出力されていれば入札完了

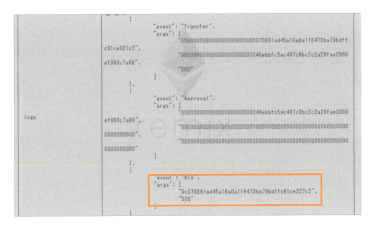

オークションコントラクトのgetHighestBidder関数を実行してみましょう。「HighestBidder」のイベントログには現在の最高入札額とその入札者のアカウントが表示されているはずです。

**getHighestBidder 関数を実行すると現在の最高入札額、入札者を確認できる**

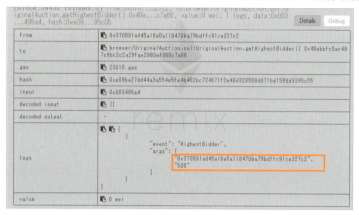

もちろん、もう一方のアカウントで先ほどの入札額よりも大きい額を入札額で入札すれば「HighestBidder」の出力が変わります。

**もう一方のアカウントから入札が行われると、最高額、入札者が更新される**

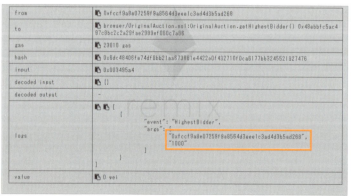

### ◉ 払い戻し

入札とともに入札額分のトークンをオークションに移動していますが、もう一方の

イーサリアムで実装してみよう **9-2**

アカウントによって入札額が更新されたとき、更新された方のアカウントは入札した
トークンを払い戻すことができます（自動的な払い戻しではなく、あくまで能動的な
払い戻しです）。入札額が更新された際にオークションコントラクトはそのアカウント
による払い戻しを許可しているので、入札額が更新されたアカウントは［withdraw］
ボタンを押すだけで払い戻しが実行されます。

**払い戻しが実行され、過去の入札額が払い戻された**

| from | 0x370091ad45a16a0a118470ba79bdffc91ce327c2 |
|---|---|
| to | browser/OriginalAuction.sol:OriginalAuction.withdraw() 0x48ebbfc5ac497c8bc2c2 a29fae2989ef060c7a66 |
| gas | 45851 gas |
| hash | 0x0cc261f0432de7f6b8719ae1dc217eed90184193f483c4a78df7285248e7e3bd |
| input | 0x3ccfd60b |
| decoded input | [] |
| decoded output | - |
| logs | [ { "event": "Transfer", "args": [ "00000000000000000000000048ebbfc5ac497c8bc2c2a29fae2989 ef060c7a66", "0000000000000000000000000370091ad45a16a0a118470ba79bdff c91ce327c2", "500" ] } ] |

## ◉ 落札

　出品者のアカウントは任意のタイミングで入札を止めて落札することができます。
出品者のアカウントを選択して［finish］ボタンを押すと、出力画面のlogsの値に
「Transfer」のeventログが2つ出力されているのが確認できます。1つ目のTransferは
アセットの移動、もう一方のTransferはトークンの移動を行ったログです。

**9**

ブロックチェーンを使ってみよう❷

**落札されるとアセットとトークンの移動がログに出力される**

　これでオークションの動作はひととおり行うことができました。アセットの getOwner関数やトークンのbalanceOf関数を使用して実際にそれぞれの資産が適切なアカウントに移動しているか確認してみてください。

---

### COLUMN イーサリアムのスマートコントラクトでの注意点

　イーサリアムは現在も活発に議論され修正や拡張が行われており、今後の発展も期待されますが、その一方で注意が必要な点もあります。Etherが現実の通貨としての価値を持っているパブリックのイーサリアムネットワーク（メインネット）を利用する場合は特に注意が必要です。また、イーサリアムの今後の仕様変更で対策されるものもある可能性がありますので、最新バージョンの仕様も確認してください。

#### デプロイされたコントラクトのバグは直せない

　ブロックチェーン上にデプロイ（配置）されたコントラクトのコードそのものを修正することはできません。そのため、デプロイ前に十分にテストやチェックを行う必要があります。

#### デプロイされたコントラクトは公開される

　デプロイされたコントラクトはバイトコードの形で、各ノードが持っているブロックチェーン上に記録されています。privateの変数であっても値を見ることが可能です。秘密にすべき値（あるいは、その値から予測できそうなもの）をハードコーディング

して利用するのは非常に危険です。

### パブリックの関数は誰でも実行できる

　コントラクトのパブリックな関数は基本的にはどのアカウントによっても実行可能です。例えば、コントラクトのオーナーが用いる管理用の関数など、特定のアカウントだけが関数を呼び出すことを暗黙のうちに仮定していると危険な場合があります。どこかの悪意あるアカウントによって関数が呼び出され、コントラクト内部の状態を変更することで不正な処理を実行しようとするかもしれません。特定のアカウント（例えばコントラクトのオーナー）のみの使用を想定とした関数が必要な場合は、関数の実行時にアカウントのアドレスを確認するなど、コントラクトの実装で適切に制限をかけることも考えられます。また、関数を呼び出せるアカウントの設定を行うために、別の設定用の関数を用意する場合には、その設定用の関数にも十分な注意が必要です。

### Ether 送金は慎重に

　EOA は他のアカウントからの Ether 送金を拒否することができません。新規に作成したアカウントであっても他のアカウントから Ether を受け取っている可能性もありますので、新規だからとって Ether 残高が 0 であると決めつけたり、自分だけが送金することを想定して残高を決めつけ、それに基づいた条件判定などを行う実装は危険な場合があります。特性上、一度送金された Ether はその相手が戻してくれない限り、元には戻らないので、送金処理については十分な注意が必要です。コントラクトから自動で送金処理を行うような場合には、その処理に不具合があった場合には想定していない Ether の流出を招いてしまう等の事故につながります。そのコントラクトが多量の Ether を保有している場合には、より危険が伴います。このような不具合に対するリスク軽減として、コントラクトから送金等の処理を行う場合には自動で送金（コントラクト側から push）するよりも、送金先のリクエストに応じて送金（送金先から pull）が行われる方がよいと考えられます。

# 9-3 Hyperledger Fabricで実装してみよう

## イーサリアム版との構成の違い

　オークションをHyperledger Fabricで実装してみましょう。イーサリアム版ではトークン、アセット、オークションを別々のコントラクトで構成し、入札者のトークンや出品者のアセットを一時的にオークションコントラクトアカウントに委譲することでオークション処理を実現しました。

　Hyperledger Fabricではチェーンコードにアカウントの概念がありません。チェーンコードからチェーンコードを呼び出したときに、呼び出し先のチェーンコードで、呼び出し元があるチェーンコードであることを認識することができず、委譲処理を実現することが困難です。そのため、1つのチェーンコードでトークン、アセット、オークション部分を構成することにします。本節で解説するオークションシステムのソースコード「auction.go」は、P.259の手順でダウンロード可能なので、本書と照らし合わせながら確認してみてください。

## チェーンコードソースファイルの作成

　会議室予約の例と同様に、<SAMPLES_PATH>/chaincode に **auction** ディレクトリを作成し、そこに **auction.go** ファイルを作成してください。

## オークションチェーンコードの関数

　オークションチェーンコードは以下の関数で構成されます。会議室予約の例と同様に、Invokeメソッド内で関数名と引数を取得し、関数名に対応した個別の処理を実装した以下のメソッドを呼び出しています。状態変更を伴う関数では第1引数でユーザIDを指定し、変更を行うユーザを指定していますが、実装を単純化するために自己申

告制になっています。実用的なオークションシステムでは会議室予約で行ったように
トランザクション作成者の署名を取得し、それとユーザを紐付ける処理が必要です。

## ◉ createUser( ユーザ ID, トークン額 )

ユーザIDで示されるユーザを作成します。ユーザは引数で指定したトークン額を
持っています。

## ◉ createAsset( ユーザ ID, アセット ID, 説明 )

アセットIDで示されるアセットを作成します。アセットの持ち主はユーザIDのユー
ザです。第3引数に任意の説明文を設定することができます。

## ◉ openAuction( ユーザ ID, オークション ID, アセット ID)

オークションIDで示される新しいオークションを開始します。ユーザは所持してい
るアセットをアセットIDで指定します。所有していないアセットやすでに出品されて
いるアセットを指定するとエラーになります。

## ◉ bid( ユーザ ID, オークション ID, 入札トークン )

オークションIDで示されるオークションに入札します。入札トークン額が、現在の
最高入札トークン額よりも大きければ、最高入札トークン額をその値に更新し、ユー
ザIDのユーザが最高額入札者になります。入札トークン額が最高入札トークン額以下
ならエラーになります。

## ◉ closeAuction( ユーザ ID, オークション ID)

ユーザIDのユーザが出品者である、オークションIDで示されるオークションを終了
します。最高額入札者が最高入札トークン額以上のトークン額を所持していれば、そ
のトークン額を出品者に移動し、アセットの所有者を出品者から最高額入札者に変更
し、オークションの状態をCLOSEDにします。最高額入札者が充分なトークン額を所
持していなければ、トークンとアセットの移動は行われず、オークションの状態を
CANCELLEDにします。

## ◉ queryUser( ユーザ ID)

ユーザIDで示されるユーザの情報を取得します。

## ◉ queryAsset( アセット ID)

アセットIDで示されるアセットの情報を取得します。

## ◉ queryAuction( オークション ID)

オークションIDで示されるオークションの情報を取得します。

多くのメソッドは、8-3節で解説した会議室予約チェーンコードと同じような処理を行っているため、今回すべては解説しません。オークションの主な流れである、openAuction、bid、closeAuctionについて説明します。

## ◉ openAuction メソッド

出品を行うユーザがオークションを開始するopenAuctionメソッドについて説明します。まず引数の数が3つであることを確認し、それぞれ変数userId、auctionId、assetIdに代入します。

**引数をチェックしてそれぞれの変数に代入**

```
if len(args) != 3 {
    return shim.Error(
        "Incorrect number of arguments. Expecting 3")
}
userId := args[0]
auctionId := args[1]
assetId := args[2]
```

続いて、userIdに該当するユーザと、assetIdに該当するアセットの存在を確認します。そしてアセットの所有者がユーザ自身であることをチェックします。

**ユーザーとアセットの存在確認**

```
_, err := getUser(stub, userId)
if err != nil {
    return shim.Error(err.Error())
```

```
    }
    asset, err := getAsset(stub, assetId)
    if err != nil {
        return shim.Error(err.Error())
    }
    if asset.Owner != userId {
        return shim.Error("You cannot open auction for an asset that
you don't have.")
    }
```

続いて、アセットが既に出品中ではないことを調べるため、OnSaleの値を確認します。このフラグは1つのアセットが同時に2つのオークションに出品されることを防ぐためのものです。

### アセットが出品中でないかチェック

```
    if asset.OnSale {
        return shim.Error("You cannot sell an asset twice.")
    }
```

状態を満たしていれば、オークションを開始します。newAuction関数を呼び出し、台帳にauctionIdをキーとして、Auction構造体を書き込みます。auctionIdが他のオークションと衝突していればエラーになります。

### 新しいオークションのオークションIDをチェック

```
    err = newAuction(stub, userId, auctionId, assetId)
    if err != nil {
        return shim.Error(err.Error())
    }
```

newAuction関数でエラーが出なければ、先ほどのアセットのOnSaleフラグをtrueにする関数を呼びます。

### OnSale フラグを true にする

```
err = updateAssetOnSale(stub, assetId, true)
if err != nil {
    return shim.Error(err.Error())
}
```

ここまでうまく行ったなら、Success を返却します。

### オークション開始成功の結果を返す

```
return shim.Success(nil)
```

## ● bid メソッド

　ユーザが入札を行う bid メソッドについて解説します。まずは引数が3つであることを調べ、それぞれ変数 userId、auctionId、biddingValueString に代入します。

### 引数をチェックしそれぞれの変数に代入

```
if len(args) != 3 {
    return shim.Error(
        "Incorrect number of arguments. Expecting 3")
}
userId := args[0]
auctionId := args[1]
biddingValueString := args[2]
```

userId のユーザと auctionId のオークションが存在することを確認します。

### ユーザーとオークションの存在をチェック

```
_, err := getUser(stub, userId)
if err != nil {
    return shim.Error(err.Error())
}
```

Hyperledger Fabricで実装してみよう **9-3**

```
auction, err := getAuction(stub, auctionId)
if err != nil  {
    return shim.Error(err.Error())
}
```

オークションのStatusの値がOPENであることを確認します。

**オークションが開始されているかをチェック**

```
if auction.Status != "OPEN" {
    return shim.Error(fmt.Sprintf("Auction [%s] is not OPEN",
        auctionId))
}
```

biddingValueStringを数値に変換し、biddingValueに代入します。数値に変換できない値が入力されていればエラーになります。

**引数の入札額を数値に変換**

```
biddingValue, err := strconv.Atoi(biddingValueString)
if err != nil {
    return shim.Error(err.Error())
}
```

biddingValueが現在のHighestValue（最高入札額）よりも大きければ、updateAuction関数を呼び、HighestValueとHighestBidder（最高入札者）を更新し、Successを返却します。

**入札額が現在の最高入札額より大きければ、最高入札情報を更新**

```
if biddingValue > auction.HighestValue {
    updateAuction(stub, userId, auctionId, biddingValue)
    return shim.Success(nil)
}
```

HighestValue以下なら、エラーを返却します。

**入札額がその時点の最高入札額以下であればエラーを返す**

```
return shim.Error(fmt.Sprintf(
    "You must bid more tokens than %d", auction.HighestValue))
```

## ◉ closeAuction メソッド

出品者がオークションを終了させるcloseAuctionメソッドについて説明します。引数が2つであることを確認し、それぞれ変数userIdとauctionIdに代入します。

**引数をチェックしそれぞれの変数に代入**

```
if len(args) != 2 {
    return shim.Error(
        "Incorrect number of arguments. Expecting 2")
}
userId := args[0]
auctionId := args[1]
```

auctionIdのオークションを取得し、Seller（出品者のID）とuserIdが同一であることと、StatusがOPENであることを確認します。

**オークションIDの取得し、出品者IDとオークションの状態をチェック**

```
auction, err := getAuction(stub, auctionId)
if err != nil {
    return shim.Error(err.Error())
}
if auction.Seller != userId {
    return shim.Error(
        "You cannot close an auction that you don't have.")
}
if auction.Status != "OPEN" {
```

```
        return shim.Error("You cannot close an auction that have
already closed.")
    }
```

　最高入札者のユーザIDをhighestBidderに、最高入札額をhighestValueに、それぞれ
代入します。また、bool型の変数cancelledにfalseを代入します。cancelledは以下の
場合にtrueにして、オークションが成立せず、アセットの所有者の移転が行われな
かったことを示します。

- 誰からも入札がなかった場合
- 最高入札者が最高入札額分のトークンを持っていなかった場合

**最高入札者と最高入札額を確定し、オークションを成立させる**

```
highestBidder := auction.HighestBidder
highestValue  := auction.HighestValue
cancelled := false;
if highestValue == 0 {
    canncelled = true
} else {
    enough, err := enoughToken(stub, highestBidder,
      highestValue);
    if err != nil {
        return shim.Error(err.Error())
    }
    if !enough {
        canncelled = true
    }
}
```

　cancelledがtrueなら、アセットのOnSaleをfalseに変更し、オークションのStatus
をCANCELLEDにします。
　cancelledがfalseなら、オークションが成立したので、最高入札額分のトークンを
最高入札者から出品者に移転し、アセットの所有者を最高入札者に変更し、アセット

のOnSaleをfalseに変更し、オークションのStatusをCLOSEDに変更します。

**オークションが成立した場合は、トークンを移転しアセットの所持者を変更**

```
    if cancelled {
        err = updateAssetOnSale(stub, auction.AssetID, false)
        if err != nil {
            return shim.Error(err.Error())
        }
        err = updateAuctionStatus(stub, auctionId, "CANCELLED")
        if err != nil {
            return shim.Error(err.Error())
        }
    } else {
        err = updateUser(stub, highestBidder, -highestValue)
        if err != nil {
            return shim.Error(err.Error())
        }
        err = updateUser(stub, userId, highestValue)
        if err != nil {
            return shim.Error(err.Error())
        }
        err = updateAssetOwner(stub, auction.AssetID, highestBidder)
        if err != nil {
            return shim.Error(err.Error())
        }
        err = updateAuctionStatus(stub, auctionId, "CLOSED")
        if err != nil {
            return shim.Error(err.Error())
        }
    }
```

キャンセルかどうかに関わらず、Successを返却し、台帳の変更を有効にします。

### 成立、キャンセルに関わらず Success を返す

```
return shim.Success(nil)
```

## オークションチェーンコードの実行

それではオークションチェーンコードを実際に動かしてみましょう。

### ◉ インストール

会議室予約と同様、install.sh を用いてインストールします。

### install.sh でオークションチェーンコードをインストールする

```
> ./install.sh auction
...(省略)...
installing auction is successful(version=1.0)
```

### ◉ 事前準備

オークションに先立ち、出品者ユーザ（seller）と入札者ユーザ（buyer1 と buyer2）を作成します。また、出品者ユーザが所有するアセット（asset1）も作成します。

### 各種ユーザーの作成とユーザーが所持するアセットの作成

```
> node myinvoke.js auction createUser seller 1000
Store path:/foo/bar/fabric-samples/fabcar/hfc-key-store
Successfully loaded user1 from persistence
Assigning transaction_id:  c5a1774a18cbcaeb584a3419754967724f8dc94e5
ac2047df42a22b6f6adc4a2
Transaction proposal was good
Successfully sent Proposal and received ProposalResponse: Status
- 200, message - "OK"
info: [EventHub.js]: _connect - options {}
The transaction has been committed on peer localhost:7053
Send transaction promise and event listener promise have completed
Successfully sent transaction to the orderer.
```

```
Successfully committed the change to the ledger by the peer
> node myinvoke.js auction createUser buyer1 2000
...(省略)...
> node myinvoke.js auction createUser buyer2 1500
...(省略)...
> node myinvoke.js auction createAsset seller asset1 "pretty house"
...(省略)...
```

queryAssetでasset1の内容を確認できます。

**queryAsset コマンドで asset1 の内容を表示**

```
> node myquery.js auction queryAsset asset1
Store path:/foo/bar/fabric-samples/fabcar/hfc-key-store
Successfully loaded user1 from persistence
Query has completed, checking results
Response is  {"desc":"pretty house","on_
sale":false,"owner":"seller"}
```

## ◉ 出品者のオークション開始処理

openAuction関数で、出品者ユーザが所有するアセット（asset1）を出品するオークション（auction1）を開始します。

**オークションを開始**

```
> node myinvoke.js auction openAuction seller auction1 asset1
Store path:/foo/bar/fabric-samples/fabcar/hfc-key-store
Successfully loaded user1 from persistence
Assigning transaction_id:  b85de3abf09376a16345bb0d2783a993328dad4a5
b7581f771f072ccad2781de
Transaction proposal was good
Successfully sent Proposal and received ProposalResponse: Status
- 200, message - "OK"
info: [EventHub.js]: _connect - options {}
```

```
The transaction has been committed on peer localhost:7053
Send transaction promise and event listener promise have completed
Successfully sent transaction to the orderer.
Successfully committed the change to the ledger by the peer
```

## ◉ 入札処理

buyer1 と buyer2 が入札し合います。

### buyer1 と buyer2 で入札を交互に実行

```
> node myinvoke.js auction bid buyer1 auction1 100
...(省略)...
> node myinvoke.js auction bid buyer2 auction1 110
...(省略)...
> node myinvoke.js auction bid buyer1 auction1 150
...(省略)...
```

queryAuction で auction1 の状態を確認できます。

### queryAuction コマンドでオークションの状態を確認

```
> node myquery.js auction queryAuction auction1
Store path:/home/keisuke/fabric-samples/mydir/hfc-key-store
Successfully loaded user1 from persistence
Query has completed, checking results
Response is  {"asset_id":"asset1","highest_
bidder":"buyer1","highest_value":150,"seller":"seller","status":"OP
EN"}
```

もし入札トークン額が最高額以下なら、トランザクションはエラーになります。

### 最高額以下の入札はエラーになる

```
> node myinvoke.js auction bid buyer2 auction1 120
Store path:/foo/bar/fabric-samples/fabcar/hfc-key-store
```

```
Successfully loaded user1 from persistence

Assigning transaction_id:  b9bd7c4af98cf2226e78fcd126914fc5adf2aad57
26c7bdcf8a59b02e559bd68

error: [client-utils.js]: sendPeersProposal - Promise is rejected:
Error: 2 UNKNOWN: chaincode error (status: 500, message: You must
bid more tokens than 150)

    at new createStatusError (/foo/bar/fabric-samples/fabcar/node_
modules/grpc/src/client.js:64:15)

    at /foo/bar/fabric-samples/fabcar/node_modules/grpc/src/client.
js:583:15

Transaction proposal was bad

Failed to send Proposal or receive valid response. Response null or
status is not 200. exiting...

Failed to invoke successfully :: Error: Failed to send Proposal or
receive valid response. Response null or status is not 200.
exiting...
```

## ◉ 出品者のオークション終了処理

出品者はcloseAuctionを実行することにより、オークションを終了します。

**オークションの終了**

```
> node myinvoke.js auction closeAuction seller auction1
...(省略)...
```

　正常に終了した場合、queryAuctionでオークションのステータスを確認すると
CLOSEDになっています。

**終了したオークションのステータスは CLOSED になる**

```
> node myquery.js auction queryAuction auction1

Store path:/foo/bar/fabric-samples/fabcar/hfc-key-store

Successfully loaded user1 from persistence

Query has completed, checking results

Response is  {"asset_id":"asset1","highest_bidder":"buyer1","highest_
value":150,"seller":"seller","status":"CLOSED"}
```

queryUserおよびqueryAssetで、トークンとアセットが移動したことを確認できます。

**ユーザー、アセットの状態を確認すると、トークンとアセットが移動している**

```
> node myquery.js auction queryUser seller
...(省略)...
Response is  {"token":1150,"user_id":"seller"}
> node myquery.js auction queryUser buyer1
...(省略)...
Response is  {"token":1850,"user_id":"buyer1"}
> node myquery.js auction queryAsset asset1
...(省略)...
Response is  {"desc":"pretty house","on_
sale":false,"owner":"buyer1"}
```

　もし、最高入札者が入札額のtokenを持っていなければ、以下のようにオークションのステータスがCANCELLEDになっています。この場合、トークンやアセットの移動は行われません。

**落札者が必要なトークンを持っていない場合はキャンセルになる**

```
> node myquery.js auction queryAuction auction1
...(省略)...
Response is  {"asset_id":"asset1","highest_
bidder":"buyer2","highest_value":100000,"seller":"seller","status":"
CANCELLED"}
```

# おわりに

　社会的な期待、特にビジネス的な期待が高く、ブロックチェーンに関するさまざまな活動に熱気があふれています。しかし、ブロックチェーン技術に対する期待の中には実際の技術とはかけ離れたものもあります。ブロックチェーン技術さえあれば世の中のさまざまな問題が解決できるといった類のものです。このような幻想の中では、ブロックチェーン技術がどのような位置づけにあるものかという道標も見えにくくなってしまいます。そして、ブロックチェーン技術を正しく使うという道も、ブロックチェーン技術がどのように進展するかという道も見失ってしまう恐れがあります。

　読者の皆様には、ブロックチェーンは幻想の中で語られるような魔法の箱では決してなく、あくまでも問題解決のための1つの手段であるということを本書を通して伝えたいです。例えば、各ノードが同じデータの複製を持ち、非中央集権的な承認機能を持ち、さらに、ノード追加が容易な拡張性や耐障害性も備え、その上に大量かつ高速なトランザクション処理を同時実現する、といったことをすべて満たすような技術は現在まだありません。数々のブロックチェーンのソフトウェアは、同時に満たしにくい機能や性能等の中で、それぞれ異なる機能や性能を重要視しているため、アーキテクチャやメカニズムがそれぞれ異なっています。大切なことは技術の特性を理解することです。ブロックチェーン技術の特性をうまく扱うことで、新しい社会基盤や、これまでにないビジネスモデルなどが実現するかもしれません。また、それを実現するためにはブロックチェーン技術以外の技術の適用や運用方法も必要になるでしょう。そのためにも、ブロックチェーン技術が解決する問題と、解決する仕組み、その仕組みの特性や制約をよく知っておく必要があるでしょう。

　今後もさまざまな形態のブロックチェーン技術が登場すると期待されます。あるいは、ブロックチェーン技術が別の技術と出会い、新たな社会ツールに変貌する可能性もあります。ブロックチェーン技術をきっかけとして新しい価値が創造されることにも期待されます。新しい時代を築く基盤となるためにも技術をしっかり理解して議論していくことがとても大切です。


著者を代表して　セコム株式会社IS研究所　佐藤 雅史

# サンプルファイルについて

## ◉ サンプルファイルのダウンロードについて

　本書で紹介しているサンプルデータは、C&R研究所のホームページからダウンロードすることができます。本書のサンプルを入手するには、次のように操作します。

1. 「http://www.c-r.com/」にアクセスします。
2. トップページ左上の「商品検索」欄に「243-3」と入力し、[検索] ボタンをクリックします。
3. 検索結果が表示されるので、本書の書名のリンクをクリックします。
4. 書籍詳細ページが表示されるので、[サンプルデータダウンロード] ボタンをクリックします。
5. 下記の「ユーザー名」と「パスワード」を入力し、ダウンロードページにアクセスします。
6. 「サンプルデータ」のリンク先のファイルをダウンロードし、保存します。

サンプルのダウンロードに必要な
ユーザー名とパスワード

| ユーザー名 | brch |
| パスワード | e36fx |

※ユーザー名・パスワードは、半角英数字で入力してください。また、「J」と「j」や「K」と「k」などの大文字と小文字の違いもありますので、よく確認して入力してください。

## ◉ サンプルファイルの利用方法について

　サンプルはZIP形式で圧縮してありますので、解凍してお使いください。

# INDEX

| | |
|---|---|
| **アルファベット** | |

| | |
|---|---|
| ASIC | 62 |
| coinbase | 55 |
| cURL | 169 |
| Dapps | 140 |
| DigiCash | 97 |
| Docker | 169 |
| Docker Compose | 169 |
| Eth | 141 |
| EthereumJ | 141 |
| Ethereum Project | 141 |
| Ether（イーサ） | 140 |
| Geth | 140 |
| GHOSTプロトコル | 147 |
| Go言語 | 169 |
| GPUマイニング | 141 |
| Hashcash | 62 |
| Hyperledger Fabric | 162 |
| Mondex | 97 |
| Node.js | 169 |
| nonce | 43, 144 |
| npm | 169 |
| NTP（Network Time Protocol） | 86 |
| oraclize | 90 |
| Parity | 141 |
| PBFT | 44, 46 |
| Personal Package Archive（PPA） | 151 |
| PKI | 109 |

| | |
|---|---|
| Proof of Stake | 42 |
| Proof of Work | 41, 59 |
| Pyethapp | 141 |
| Remix | 159 |
| RIPEMD | 69 |
| Satoshi Nakamoto | 99 |
| scriptSig | 72 |
| SegWit | 61 |
| SHA-3 | 69 |
| SHA-256 | 69 |
| Solidity | 150 |
| UTXO（Unspent Transaction Output） | 55 |
| VisaCash | 97 |

| | |
|---|---|
| **あ行** | |

| | |
|---|---|
| アカウント | 141 |
| 暗号学的ハッシュ関数 | 62 |
| イーサリアム | 140 |
| 一貫性の担保 | 19 |
| ウォレット | 32 |
| オフライン支払い | 96 |

| | |
|---|---|
| **か行** | |

| | |
|---|---|
| 改ざん防止策 | 37 |
| 外部システム連携 | 88 |
| 外部リソース接続 | 90 |
| 関与度 | 43 |
| キー・バリュー形式 | 102 |
| 競争の難度 | 60 |
| 記録の複製 | 25 |
| クライアント | 163 |
| 原像計算困難性 | 70 |
| コインベース | 55 |
| 公開鍵 | 50 |

| | |
|---|---|
| 公開鍵暗号 · · · · · · · · · · · · · · · · · 109 | タイムスタンプ技術 · · · · · · · · · · · · · 122 |
| 公開鍵証明書 · · · · · · · · · · · · · · · 110 | タイムスタンプ局 · · · · · · · · · · 117, 122 |
| 公開鍵証明書の用途 · · · · · · · · · · · 116 | タイムスタンプトークン · · · · · · · · · · 117 |
| コンセンサスアルゴリズム · · · · · · · · · 38 | チェーンコード · · · · · · · · · · · · 72, 196 |
| コントラクトコード · · · · · · · · 143, 149 | チェーンの分岐 · · · · · · · · · · · · · · · 66 |
| コントラクトの実行 · · · · · · · · 158, 160 | 追跡可能性 · · · · · · · · · · · · · · · · · 128 |
| コントラクトのデプロイ · · · · · · · · · 193 | データ共有 · · · · · · · · · · · · · · · · · 182 |
| | データベース · · · · · · · · · · · · · · · · 100 |
| **さ行** | データモデル · · · · · · · · · · · · · · · · 101 |
| サーバ-クライアント型 · · · · · · · · · · 17 | デジタル署名 · · · · · · · · · 52, 57, 112 |
| 時刻 · · · · · · · · · · · · · · · · · · · · · · 86 | デジタル署名方式のタイムスタンプ · · · 123, 125 |
| 時刻配信局 · · · · · · · · · · · · · · · · · 123 | 電子契約 · · · · · · · · · · · · · · · · · · 109 |
| 実行手数料 · · · · · · · · · · · · · · · · · 140 | 電子現金 · · · · · · · · · · · · · · · · · · · 97 |
| 障害点 · · · · · · · · · · · · · · · · · · · · 91 | 電子的な支払い · · · · · · · · · · · · · · · 96 |
| 冗長性 · · · · · · · · · · · · · · · · · · · 128 | 電子投票 · · · · · · · · · · · · · · · · · · 138 |
| 衝突困難性 · · · · · · · · · · · · · · · · · 70 | 電子入札 · · · · · · · · · · · · · · · · · · 109 |
| 証明書の失効 · · · · · · · · · · · · · · · 115 | 電子マネー · · · · · · · · · · · · · · 96, 98 |
| 真正性 · · · · · · · · · · · · · · · · · · · 128 | 透明性 · · · · · · · · · · · · · · · · · · · 129 |
| スケーラビリティ · · · · · · · · · · · · · 104 | 取引所 · · · · · · · · · · · · · · · · · · · · 33 |
| ストレージ · · · · · · · · · · · · · · · · · 143 | 取引情報 · · · · · · · · · · · · · · · · · · · 51 |
| スマートコントラクト · · · · · · · · 72, 216 | 取引発生者 · · · · · · · · · · · · · · · · · 28 |
| スマートプロパティ · · · · · · · · · · · · 73 | |
| スループット · · · · · · · · · · · · · · · · 105 | **な〜は行** |
| | ナンス · · · · · · · · · · · · · · · · · · · · 142 |
| **た行** | 二重使用 · · · · · · · · · · · · · · · · 37, 96 |
| 台帳 · · · · · · · · · · · · · · · · · · · · · · 27 | 二分木構造 · · · · · · · · · · · · · · · · · 64 |
| 台帳更新 · · · · · · · · · · · · · · · · · · · 31 | 認証局 · · · · · · · · · · · · · · · · · · · 110 |
| 台帳参照 · · · · · · · · · · · · · · · · · · · 28 | ノード · · · · · · · · · · · · · · · · · · · · 16 |
| 台帳参照者 · · · · · · · · · · · · · · · · · 28 | ハードコーディング · · · · · · · · · · · · · 34 |
| 台帳登録 · · · · · · · · · · · · · · · · · · · 28 | パーミッションドブロックチェーン · · · 14, 39, 43 |
| 台帳登録プログラム · · · · · · · · · · · · 28 | パーミッションレスブロックチェーン · · · 39 |
| 台帳複製 · · · · · · · · · · · · · · · 16, 24 | バイトコード · · · · · · · · · · · · · · · · 149 |
| 台帳保持プログラム · · · · · · · · · · · · 28 | ハッシュ関数 · · · · · · · · · · · · · · · · 69 |
| 第二原像計算困難性 · · · · · · · · · · · · 70 | ハッシュ値 · · · · · · · · · · · · · · · · · 52 |

| | |
|---|---|
| ハッシュツリー・・・・・・・・・・・・・・・・・60, 64 | リンキングタイムスタンプ・・・・・・・・・・・・123 |
| ピアツーピアネットワーク・・・・・・・・・・・・・16 | レスポンスタイム・・・・・・・・・・・・・・・・・105 |
| ビザンチン障害・・・・・・・・・・・・・・・・・・・45 | レプリケーション・・・・・・・・・・・・・・・・・104 |
| 非中央主権的な情報システム・・・・・・・・・・132 | |
| ビットコイン・・・・・・・・・・・・・・・・・10, 50 | |
| ビットコインネットワーク・・・・・・・・・・・・50 | |
| ビットコインのブロック生成・・・・・・・・・・・60 | |
| 秘密鍵（署名鍵）・・・・・・・・・・・・・50, 112 | |
| ファイル交換システム・・・・・・・・・・・・・・24 | |
| プライバシー・・・・・・・・・・・・・・・・・・・96 | |
| プリペイドカード・・・・・・・・・・・・・・・・・98 | |
| ブロック・・・・・・・・・・・・・・・・・・・・・53 | |
| ブロック最長ルール・・・・・・・・・・・・56, 67 | |
| ブロックチェーン・・・・・・・・・・・・・・・・・10 | |
| ブロックチェーンの書き換え・・・・・・・・・・・68 | |
| ブロックチェーンのスマートコントラクト・・・73 | |
| ブロックチェーンのモデル構成・・・・・・27, 107 | |
| ブロックチェーンの保証範囲・・・・・・・・・・136 | |
| 分岐対策・・・・・・・・・・・・・・・・・・・・・67 | |
| 分散処理・・・・・・・・・・・・・・・・・・・・・80 | |
| 分散台帳・・・・・・・・・・・・・・・・・・・・・10 | |
| ポリシー・・・・・・・・・・・・・・・・・・・・・34 | |

## ま～ら行

| | |
|---|---|
| マークルパトリシアツリー・・・・・・・・・・・・141 | |
| マイナー・・・・・・・・・・・・・・・・・・・・・62 | |
| マイニング（採掘）・・・・・・・・・・・・・・・140 | |
| マイニング時間・・・・・・・・・・・・・・・・・147 | |
| マイニングの成功報酬・・・・・・・・・・・・・・62 | |
| マイニングプール・・・・・・・・・・・・・・・・・62 | |
| 前払い手数料・・・・・・・・・・・・・・・・・・145 | |
| マッピング・・・・・・・・・・・・・・・・・・・102 | |
| 無効なチェーン・・・・・・・・・・・・・・・・・・41 | |
| 乱数・・・・・・・・・・・・・・・・・・・・・・・84 | |

# 著者紹介

## セコム株式会社

**佐藤　雅史**
（さとう　まさし）

セコム株式会社IS研究所 主任研究員。東京工業大学大学院総合理工学研究科修士課程修了。情報セキュリティ分野の調査・研究・開発に従事。特に電子認証や電子署名（デジタル署名）やブロックチェーンを含めた関連分野を専門とする。標準化活動にも従事し、長期署名プロファイルのJIS規格やISO規格の原案作成や、JAHISにてヘルスケア分野の電子認証・電子署名規格の原案作成委員を務める。JNSA(日本ネットワークセキュリティ協会)電子署名WGサブリーダー。

**長谷川　佳祐**
（はせがわ　けいすけ）

セコム株式会社IS研究所 研究員。2016年筑波大学大学院システム情報工学研究科修士課程を修了後、セコム株式会社に入社。大学では公開鍵暗号系の技術を研究し、入社後はIS研究所の暗号・認証基盤グループに所属してPKI（Public key Infrastructure）に関する研究を行う。現在はブロックチェーンの技術や実装に関する調査・研究を担当している。

## NEC（日本電気株式会社）

**佐古　和恵**
（さこ　かずえ）

NECセキュリティ研究所 技術主幹。京都大学理学部（数学）を卒業後、NECに入社。以来、電子投票システム、電子抽選システム、匿名認証方式など、暗号プロトコル技術を用いてセキュリティ、プライバシ、公平性を保証する方式を研究開発。日本学術会議連携会員。第26代日本応用数理学会会長、平成29年度電子情報通信学会副会長。博士（工学）。

**梶ヶ谷　圭祐**
（かじがや　けいすけ）

NECセキュリティ研究所 主任。東京工業大学大学院総合理工学研究科物理情報システム創造専攻修士課程を修了後、NECに入社。Java分散アプリケーション実行基盤ミドルウェアの開発に従事。2017年よりセキュリティ研究所でブロックチェーン技術の調査・研究を担当。今一番興味があるのはEthereum。

**並木　悠太**
（なみき　ゆうた）

NECクラウドプラットフォーム事業部 主任。東京工業大学大学院情報理工学研究科計算工学専攻修士課程を修了後、NECに入社。ミドルウェア部門において複数のデータベース関連製品の開発、保守に携わる。現在はデータ管理分野における新技術の調査や検証を担当。

## ジョージタウン大学

**松尾　真一郎**
（まつお　しんいちろう）

ジョージタウン大学教授、Blockchain Technology and Ecosystem Design 研究センター所長。MITメディアラボ所長リエゾン（金融暗号）も務め、日本では産学連携のためのBASEアライアンスを立ち上げ、東京大学生産技術研究所・海外研究員、慶應義塾大学大学院政策・メディア研究科特任教授としても活動中。ブロックチェーン専門学術誌LEDGER誌エディタ、IEEE, ACM, W3C等の学術会議やScaling Bitcoinのプログラム委員長を務める。ブロックチェーンの中立な学術研究国際ネットワークBSafe.networkプロジェクト共同設立者。ISO TC307標準化委員、およびセキュリティ分野のリーダーを務める。

編集担当：吉成明久 / カバーデザイン：風マ篤士（リブロワークス）

●特典がいっぱいのWeb読者アンケートのお知らせ

C&R研究所ではWeb読者アンケートを実施しています。アンケートにお答えいただいた方の中から、抽選でステキなプレゼントが当たります。詳しくは次のURLのトップページ左下のWeb読者アンケート専用バナーをクリックし、アンケートページをご覧ください。

C&R研究所のホームページ　http://www.c-r.com/
携帯電話からのご応募は、右のQRコードをご利用ください。

## ブロックチェーン技術の教科書

2018年4月23日　初版発行

| | | |
|---|---|---|
| 著　者 | 佐藤 雅史、長谷川 佳祐、佐古 和恵、並木 悠太、梶ヶ谷 圭祐、松尾 真一郎 | |
| 編　者 | セコム株式会社IS研究所、NEC | |
| 発行者 | 池田武人 | |
| 発行所 | 株式会社　シーアンドアール研究所 | |
| | 新潟県新潟市北区西名目所4083-6（〒950-3122） | |
| | 電話　025-259-4293　FAX　025-258-2801 | |
| 印刷所 | 株式会社　ルナテック | |

ISBN978-4-86354-243-3　C3055
©2018 Printed in Japan

本書の一部または全部を著作権法で定める範囲を越えて、株式会社シーアンドアール研究所に無断で複写、複製、転載、データ化、テープ化することを禁じます。

落丁・乱丁が万一ございました場合には、お取り替えいたします。弊社までご連絡ください。